Magic Shadows

The Story of the Origin of Motion PicturesMagie, vorgetäuschte Wunder und bemerkenswerte Naturphänomene

Anonym

Writat

Diese Ausgabe erschien im Jahr 2023

ISBN: 9789358810554

Herausgegeben von
Writat
E-Mail: info@writat.com

Inhalt

KAPITEL I.

Die Magier des Ostens – magische Kräfte, die Zahlen, Pflanzen und Mineralien zugeschrieben werden.

DIE Magier bildeten einen der sechs Stämme, in die das Volk der Meder in der Antike aufgeteilt war. Ihnen wurde die besondere Verantwortung für die Religion anvertraut; und als Priester waren sie dem Volk im Allgemeinen in Bildung und Ausbildung überlegen. Bei den Persern wurden laut Suidas „die Weisheitsliebenden und Diener Gottes" Magier genannt. Es scheint auch, dass sie sich in andere Länder ausdehnten und dass sie unter den Chaldäern eine organisierte Körperschaft waren.

Wir lesen im inspirierten Buch Daniel von „den Magiern" oder „weisen Männern", zu denen der Prophet selbst zählte; und andere gingen, wie wir wissen, vom „Stern im Osten" geleitet zu dem kleinen Erlöser , als er in Bethlehem geboren wurde, „als Christus, der Herr", und brachten ihm ihre Opfergaben dar: „Gold, Weihrauch und Myrrhe". ." Bei den Griechen und Römern wurde dieselbe Personengruppe als Chaldäer und Magier bezeichnet.

Eine Zeit lang übertrafen die Magier den Rest der Welt an Wissen und waren die Freunde, Gefährten und Ratgeber ihrer mächtigsten Herrscher. Da ihre Wissenschaft jedoch keine solide Grundlage hatte, versank sie nach einer Weile in der Bedeutungslosigkeit. Auf den Ruinen seines Rufs versuchten andere, ihren Ruf aufzubauen. Ein Mann, der einige Dinge wusste oder ausführen konnte, von denen andere keine Kenntnis hatten oder zu denen sie keine Macht hatten, bezeichnete sich als Zauberer. Auch war das Volk nicht abgeneigt, ihm den von ihm gewünschten Kredit zu gewähren, insbesondere wenn er sich mit spirituellen Wesen verbündete; und in nicht wenigen Fällen führten sie seine Wunder auf diese Tatkraft zurück. Somit kann der Magier auf den *Magus* oder Magier zurückgeführt werden ; und Magie, zur sogenannten Philosophie des Ostens.

Magische Quadrate sind von großer Antike. Ein Quadrat dieser Art ist in mehrere andere kleine gleiche Quadrate oder Zellen unterteilt, die mit den Termen einer beliebigen Zahlenfolge, im Allgemeinen jedoch einer arithmetischen, gefüllt sind; so dass die Werte in jedem Band, egal ob horizontal, vertikal oder diagonal, immer die gleiche Summe ergeben. Die Alten schrieben ihnen große Tugenden zu; und die Anordnung der Zahlen bildete die Grundlage und das Prinzip vieler ihrer Talismane. Dementsprechend war ein Quadrat aus einer Zelle, gefüllt mit Einheit, aufgrund der Einheit und Unveränderlichkeit Gottes das Symbol der

Gottheit; denn sie bemerkten, dass dieses Quadrat seiner Natur nach einzigartig und unveränderlich sei; Das Produkt der Einheit an sich ist immer Einheit. Das Quadrat der Wurzel zwei war das Symbol der Unvollkommenheit der Materie, sowohl wegen der vier Elemente als auch wegen der angeblichen Unmöglichkeit, dieses Quadrat auf magische Weise zu ordnen. Ein Quadrat aus neun Zellen wurde Saturn zugewiesen oder geweiht; das von sechzehn bis Jupiter; das von fünfundzwanzig zum Mars; das von sechsunddreißig zur Sonne; das von neunundvierzig zur Venus; das von vierundsechzig zu Merkur; und das von einundachtzig oder neun auf jeder Seite des Mondes. Diejenigen, die irgendeine Beziehung zwischen zwei Planeten und eine solche Zahlenanordnung finden können, müssen einen Geist haben, der stark von Aberglauben geprägt ist; doch so war es in der mysteriösen Philosophie von Jamblichus, Porphyrius und ihren Schülern.

Pflanzen und Zahlen galten lange Zeit als Menschen mit magischen Eigenschaften. Plinius zählt diejenigen auf, denen laut Pythagoras die Fähigkeit zugeschrieben wurde, Wasser zu verbergen. Anderen wurden außergewöhnliche Wirkungen zugeschrieben. Die *Asyrites , wie sie von den Ägyptern genannt wurden, wurden in der Vorstellung verwendet, dass sie der* Verteidigung gegen Hexerei dienten ; und die *Nepenthes* , die Helena Menelaos in einem Trank schenkte, galten nach Ansicht derselben Leute als wirksam bei der Verbannung der Traurigkeit und bei der Wiederherstellung der gewohnten oder sogar größeren Fröhlichkeit des Geistes. Was auch immer die Vorzüge solcher Kräuter sein mögen, sie wurden eher aufgrund ihrer magischen als ihrer medizinischen Wirkung verwendet; Jede Heilung wurde geschickt einer mysteriösen und okkulten Macht zugeschrieben.

Aus dem gleichen Aberglauben ging hervor, dass Metalle und Steine mit einzigartigen Tugenden ausgestattet seien: der Opal, der bei der Berührung von Gift blass werde; der Smaragd, um den Rausch zu beseitigen; und der Karfunkel, „der nur im Kopf des Drachen zu finden ist, des abscheulichen Bewohners der Insel Ceylon“, der in der Dunkelheit leuchtet. Da das Metall Gold immer den höchsten Wert hatte, wurde aus einer absurden Analogie geschlossen, dass seine Fähigkeit, die Gesundheit zu erhalten und Krankheiten zu heilen, ebenfalls alle anderen Anwendungen übertreffen müsse. Scharen gaben sich dem geschäftigen Müßiggang hin und versuchten, es trinkbar zu machen und zu verhindern, dass es wieder in Metall umgewandelt würde. Sie arbeiteten nicht nur in unbekannten Situationen, sondern auch in den prächtigen Laboratorien von Adligen und Herrschern. Männer von Rang, angetrieben von einer gemeinsamen Raserei, schlossen geheime Allianzen; und gingen sogar zu einer solchen Extravaganz über, dass sie sich selbst und ihren Nachkommen ruinöse Schulden bescherten. Das Ziel, das sie verfolgten, war „ein Lebenselixier“.

In Italien, Deutschland, Frankreich und anderen Ländern verzichtete das einfache Volk oft auf das Lebensnotwendige, um so viel zu sparen, wie für ein paar Tropfen der Goldtinktur nötig war, die abergläubisch oder betrügerisch zum Verkauf angeboten wurde. Sie vertrauten so sehr auf die Wirksamkeit dieser imaginären Macht, dass von ihr im Allgemeinen ihre einzige Hoffnung auf Genesung abhing. Positiv wurde der ersehnte Segen versprochen, aber nur, um die Erwartung zu täuschen. Unsere Zeit liegt in den Händen Gottes; und nach seinem Willen kehrt der Staub zu dem Staub zurück, von dem er genommen wurde, und der Geist zu dem, der ihn gegeben hat.

Wie furchtbar war die Unwissenheit, die in den vergangenen Zeiten vorherrschte, von denen hier die Rede war! Welche Dankbarkeit sollten wir für die Vorteile empfinden, die wir genießen! Denken wir also stets daran, dass uns viel gegeben wurde und daher auch von uns viel verlangt werden wird; und dass eine Art von Wissen alle anderen übertrifft: „Dies", sagte der anbetungswürdige Erlöser, „ist das ewige Leben, damit sie dich, den allein wahren Gott, und Jesus Christus, den du gesandt hast, erkennen", Johannes XVII. 3.

KAPITEL II.

Heldentaten moderner Magier – Ihre Wunder erklärt – Die Schlangenbeschwörer Indiens – Eine chinesische Täuschung – Der Magier von Kairo.

Oft sind WUNDERTÄTER AUFGETAUCHT. Einige von ihnen haben kürzlich ihre bemerkenswertesten Leistungen in London und an verschiedenen Orten Englands wiederholt, andere von geringerem Interesse wurden ergänzt. Große und erstaunte Versammlungen waren Zeugen ihres Auftritts, und öffentliche Zeitschriften bezeichneten sie als absolut „unerklärlich". Und doch, obwohl der Autor keinen persönlichen Kontakt zu einem modernen „Zauberer" hat, hat er keinen Zweifel daran, dass alle ihre Leistungen auf Taschenspielertricks, Bündnis, geniale Erfindungen oder die Anwendung eines Naturgesetzes zurückzuführen sind. Es sollen nun einige Illustrationen gegeben werden.

Viele Wahnvorstellungen beruhen ausschließlich auf *Taschenspielertricks* ; eine Schnelligkeit der Manipulation, die durch langes Üben erreicht wird, wie bei den wunderbaren Bewegungen der Finger eines hochqualifizierten Instrumentalisten; während die Macht so groß werden kann, dass sie der Beobachtung der schärfsten Vision trotzt. Der verstorbene Mr. Walker, Pfarrer in Demattar in den Mears, erzählte Sir Walter Scott von einem jungen Landmädchen, das Torf, Steine und andere Geschosse mit solcher Geschicklichkeit warf, dass es eine Zeit lang unmöglich war, das festzustellen Agentur, die mit den Unruhen beschäftigt war, deren alleinige Ursache sie war.

Ein Freund des Schriftstellers verfügt über eine bemerkenswerte Fingerfertigkeit und, wenn er möchte, über eine schnelle Bewegung der Hände, mit der er es mit vielen magischen Kunststücken aufnehmen kann. So transportiert er Kugeln unter Becher und scheint sie zum Erstaunen der Betrachter in Früchte zu verwandeln. Er nimmt auch zwei Hornbecher von genau der gleichen Größe und erweckt den Eindruck, dass er einen durch den anderen fallen lässt, obwohl dies unmöglich ist und alles, was geschieht, durch geschickte und schnelle Manipulation erfolgt, was das Sprichwort „ Der Die Hand ist schneller als das Auge."

Viele erstaunliche Leistungen, die Teil aller beliebten magischen Darbietungen sind, werden von diesem Handlanger vollbracht. Anscheinend erhält der Darsteller den Ehering einer Dame und zerbricht ihn; verbrennt einen Fünf-Pfund-Schein, den ihm ein Zuschauer reicht; reduziert einen Hut auf eine abscheuliche Form; oder zerschmettert eine Haube in Bruchstücke und gibt sie dann unter dem Beifall der Menge unverletzt den jeweiligen

Parteien zurück. Aber alles, was er tut, ist, mit unbeschreiblicher Schnelligkeit seine eigenen Gegenstände zu ersetzen, um sie dem Prozess der Zerstörung zu unterziehen, und im richtigen Moment diejenigen auszustellen, die von den Zuschauern präsentiert wurden und in Sicherheit aufbewahrt werden.

Ein weiterer Grund zur Verwunderung ist *die Konföderation* . Ein moderner Künstler ist es gewohnt, einem seiner Zuhörer eine Kiste zu reichen und ihn zu bitten, alle Gegenstände, die er hatte, darin unterzubringen und sie zum gleichen Zweck von einem zum anderen weiterzugeben. Währenddessen ging er zu seinem Tisch und wartete offenbar darauf, dass die Kiste gefüllt wurde. Schließlich, während die Kiste in einiger Entfernung gehalten wurde, hielt er seinen Stab an sein Auge und beschrieb die zusammengestellte Sammlung. Er hat vielleicht gesagt: „Ich kann in dieser Schachtel ein Stück Band, eine Raute, ein paar Körner, einen Teil, ich wage zu sagen, eine Prise Schnupftabak und eine Damenkarte sehen; Ich werde versuchen, es zu lesen – Miss – Clara – Henderson;" und so durchläuft er den Hauptteil der Serie. Und doch denken seine Gönner, während sie mit Erstaunen zuschauen, nicht an die Tatsache, dass ein Konföderierter, der als einer der Zuhörer saß, eine Liste der Artikel erstellte, als sie in der Kiste deponiert wurden. und verschickte es in Teilen oder im Ganzen, damit ihre Namen von einem Teil seines Tisches aus das Auge des Darstellers erreichen konnten.

Ein drittes Mittel zur Wunderwirkung ist das der *genialen Erfindung* . Wir werden dies anhand zweier populärer Kunststücke veranschaulichen. Eine Reihe von Taschentüchern, die mehr als ein beliebter Künstler dem Publikum abgenommen hatte, wurden in eine kleine Waschwanne gelegt, in die Wasser gegossen wurde, und sie wurden einige Minuten lang gewaschen. Sie wurden dann in ein Gefäß wie in der Abbildung unten gelegt, und unmittelbar danach sagte der Darsteller zu den Personen davor: „Ich werde euch diese geben." Als er den Deckel abnahm und die nassen Taschentücher wegwerfen sollte, fielen nur ein paar Blumen herunter. Er holte nun eine Kiste hervor, öffnete sie und zeigte, dass sie leer war; Dann schloss er es, sagte ein paar kabbalistische Worte und öffnete es wieder. Da waren die Taschentücher, alle trocken, gefaltet und parfümiert, die er an die jeweiligen Antragsteller verteilte.

Ein weiteres Experiment eines beliebten Künstlers hieß „Kaffee für die Million". Herstellung eines Gefäßes wie im Diagramm A ; Der Darsteller füllte es mit ungemahlenem Kaffee, stellte es unter einen Deckel B und sagte: „Wenn Sie das getan haben, lassen Sie es eine dreiviertel Stunde lang köcheln; aber vielleicht möchten Sie nicht so lange warten; hier ist es also;" und als man den Deckel entfernte, schien das Gefäß mit heißem, flüssigem Kaffee gefüllt zu sein. In einem anderen Gefäß der gleichen Art gewann er Würfelzucker aus Rapssamen; und in einem dritten Teil warme Pferdebohnenmilch; Er schüttete den Kaffee in Tassen aus und schickte sie herum, um sein Gehör zu erfreuen, inmitten ihrer lauten und anerkennenden Rufe über eine so große Verwandlung.

Da diese Kunststücke das Ergebnis beträchtlichen Einfallsreichtums sind, ist es wahrscheinlich, dass die verwendeten Mittel den Zuschauern im Allgemeinen nicht ohne weiteres in den Sinn kommen würden, während sie denen völlig entgehen würden, deren Zweck lediglich die Unterhaltung ist und die, wenn sie überhaupt daran denken würden, wahrscheinlich dazu kämen das Ergebnis als übernatürlich zu bezeichnen. Dann machen wir uns an die Lösung des Geheimnisses. In Bezug auf das erste Experiment ist zu beachten, dass zu Beginn des Abends eine Reihe von Taschentüchern für verschiedene Illusionen gesammelt werden und dass viele von ihnen eine Zeit lang auf dem Tisch des Darstellers erscheinen. Ausgestattet mit einer Sammlung dieser Artikel, vom schönen seidenen Taschentuch bis zu einem mit Spitze besetzten, das von einer eleganten Dame verwendet wird, könnte er, je nach Vereinbarung, leicht seine eigenen derselben Art durch die seines Gehörs ersetzen, wenn der Vorhang fällt des Abends, zwischen dem Einsammeln der Taschentücher und dem anschließenden Prozess. Daher werden seine eigenen Taschentücher gewaschen und in die bereits beschriebene Vase gestellt; und die sogenannte Verwandlung in Blumen ist nichts anderes als das Zurückhalten der Taschentücher im unteren Teil des Apparats, was die Figur veranschaulicht, während der obere Teil die Blumen hält, bis sie unter den Zuschauern verstreut werden. In der Zwischenzeit müssen nur noch ihre Taschentücher bearbeitet werden. Es ist nicht unbedingt notwendig, sie zu waschen; denn Falten, Pressen und ein wenig Eau de Cologne würden die Zubereitung vervollständigen; aber vorausgesetzt, dass sie gewaschen sind, gibt es immer noch keine Schwierigkeiten, obwohl dies die Zuschauer verwirrt, die glauben, dass das Trocknen eine langwierige Angelegenheit sei; denn es kann in ein oder zwei Minuten mit einer leicht erhältlichen Maschine durchgeführt werden. In der herausgebrachten Kiste sind diese aufbewahrt, aber da sie doppelt ist, wird zunächst ein Innenraum gezeigt, der natürlich nichts enthält, denn die innere Schublade mit den Taschentüchern bleibt in der Kiste; aber wenn ein paar Laute von sich gegeben werden und der Professor eine geheime Feder dahinter berührt, die die innere Box löst, zieht er sie mit der äußeren heraus; und präsentiert die Taschentücher dem Publikum. Im Diagramm A ist das Feld leer dargestellt. Bei B haben wir eine Darstellung der Schachtel mit den Taschentüchern. Es muss nur hinzugefügt werden, dass die Box sehr schön verarbeitet ist; Der Teil im anderen, der bis zum Ende herausgezogen wird, entzieht sich der Entdeckung.

Die Zubereitung von Kaffee, Milch und Zucker lässt sich leicht erklären; Denn wenn die Gefäße, die jeweils den ungemahlenen Kaffee, die Rapssamen und die Pferdebohnen enthalten, immer unter einem Deckel stehen, auf einen Teil des Tisches gestellt werden, der eine runde Falltür hat – und dafür ist volle Versorgung vorhanden die Decke des Tisches reicht bis zum Boden – ein Konföderierter kann leicht das eine durch das andere ersetzen.

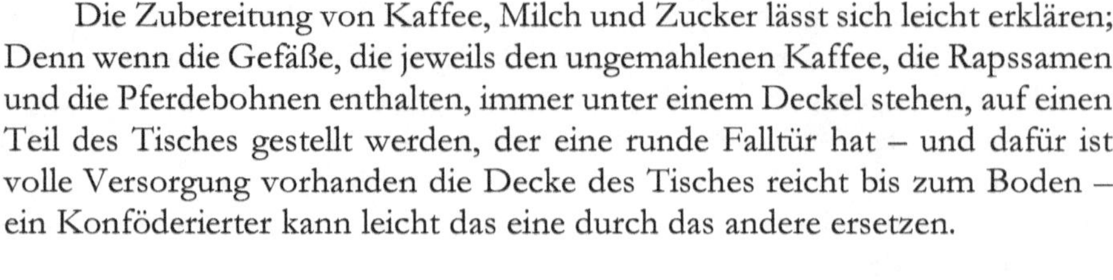

Rev. W. Arthur weist uns in seiner Arbeit über Mysore auf Ergebnisse anderer Art hin: „Während wir auf der Veranda gingen", sagt er, „kamen einige Schlangenbeschwörer näher und begannen sofort, uns ihr Können zu zeigen." . Sie brachten mehrere Säcke und Körbe hervor, die Schlangen der giftigsten Art enthielten – die Cobra di capello ; Dann blies er auf ein Instrument in Form einer Kokosnuss, in das ein kurzes Rohr eingesetzt war, und erzeugte eine Musik, die der des Dudelsacks sehr ähnlich war. Die Tiere wurden herausgebracht, richteten sich zur Musik auf, streckten ihre Köpfe aus, sodass die Brillenmaske vollständig aufgespannt war, und schwenkten mit beträchtlicher Anmut und ohne den Anschein von Gift umher. Die Männer kokettierten mit ihnen und wickelten sie um ihre Körper, ohne Anzeichen von Abneigung oder Furcht. Diese Fähigkeit, mit so tödlichen Kreaturen umzugehen, wird von den Eingeborenen der Magie zugeschrieben. Die Europäer erklären dies im Allgemeinen damit, dass die Reißzähne herausgezogen werden. Aber die vernünftigste Erklärung scheint zu sein, dass, wenn die Schlange zum ersten Mal gefangen wird, durch eine geschickte Bewegung des Beschwörers die Hand am Körper entlang gleitet, bis sie den Hals erreicht, den er so fest drückt, dass er zum Auswerfen gezwungen wird vom Virus; Dadurch wird für eine Zeit lang jede Macht zum Schaden zerstört; und dass dieser Vorgang so oft wie nötig wiederholt wird, um die gefährliche Ansammlung zu verhindern. Wenn dies wahr ist – und ich glaube, dass es so ist – ist für den sicheren Umgang mit diesen Reptilien nichts anderes erforderlich als die Kenntnis der Gesetze, die die giftige Sekretion regulieren. Das Wunder scheint in der Fähigkeit zu liegen, die sie besitzen, die Schlangen durch ihre raue Musik anzulocken und sie im ersten Moment zu ergreifen. Aber es ist genug bekannt, um deutlich zu machen, dass in dem, was alle Einheimischen und viele Europäer als geheimnisvoll und magisch betrachten, nichts als Erfahrung, Taktgefühl und Mut steckt."

Eine seltsame und abstoßende Leistung wird so von Rev. G. Smith in seinem jüngsten Werk über „China" beschrieben. „ Aquei führte uns in einen Raum, wo er mit seinen beiden Frauen in hübscher Kleidung saß und aus einem Fenster auf die Menge blickte, die sich auf der Straße versammelt hatte, um den Auftritten eines einheimischen Jongleurs beizuwohnen. Dieser ging, nachdem er der Menge lebhaft im Nanking-Dialekt eine Ansprache gehalten hatte (wie es bei Schauspielern üblich ist), zu einem Teil der Menge und nahm von dort ein Kind, offenbar fünf oder sechs Jahre alt, das mit kämpfendem Widerstand wurde in die Mitte des Kreises geführt . Dann warf der Mann mit leidenschaftlicher Geste das Kind heftig auf einen Holzhocker, legte es auf den Rücken und schwenkte ein großes Messer über ihm. Das Kind schluchzt und weint die ganze Zeit wie vor Angst. Zwei oder drei ältere Männer aus der Menge näherten sich und protestierten ernsthaft gegen die drohende Gewalttat. Eine Zeit lang hielt er davon ab, aber bald darauf kehrte er zu dem Kind zurück, das immer noch die erbärmlichsten Schreie ausstieß, stellte es mit dem Rücken nach oben und stieß trotz der heftigen Proteste der Älteren plötzlich das Messer in die Wohnung im Nacken des Kindes, in den es einzudringen schien, bis es ihn fast vom Kopf getrennt hatte; Das Blut floss inzwischen reichlich aus der Wunde und floss auf den Boden und über die Hände des Mannes. Der Kampf des Kindes wurde immer schwächer und hörte schließlich ganz auf. Dann erhob sich der Mann und ließ das Messer fest im Hals des Kindes stecken. Dann wurde großzügig Kupfergeld in den Ring geworfen, zugunsten der Hauptakteure. Diese wurden von Assistenten gesammelt, die alle mit großer Freude dem Zufluss der Münzen zusahen, sich ständig vor den Zuschauern verneigten und die Worte „To seoz ", „Vielen Dank" wiederholten. Nach einer Weile ging der Mann auf die Leiche zu, sprach ein paar Worte, nahm das Messer weg und rief laut nach dem Kind.

Bald gab es Anzeichen für eine Rückkehr der Lebendigkeit. Die Starre des Todes ließ allmählich nach, und schließlich stand er inmitten der eifrigen Menge auf, die sich um ihn scharte und ihn großzügig mit Bargeld belohnte. Die Aufführung erregte offensichtlich Freude bei den Zuschauern, die durch ihr anhaltendes Geschrei ihre Zustimmung zum Schauspiel zum Ausdruck brachten."

Es ist fast überflüssig hinzuzufügen, dass die Täuschung darin bestand, die Klinge und den Griff des Messers so zu konstruieren, dass durch eine sägende Bewegung am Hals des Kindes ein Strahl farbiger Flüssigkeit, der Blut ähnelt , gepumpt wird aus; Für den Rest reicht ein wenig Handeln des Darstellers und des Kindes vollkommen aus.

In den letzten Jahren haben wir Berichte über einen Zauberer in Ägypten erhalten, die erstmals in einem wertvollen Werk über dieses Land von Herrn Lane beschrieben wurden und einen außergewöhnlichen Eindruck hinterließen. Es hieß, der Zauberer ließ einen Jungen bestimmte Personen sehen, die er mit etwas Tinte in seiner Hand in die Mitte eines doppelten magischen Quadrats gerufen hatte, das der Figur ähnelte. Einer der tiefsinnigsten Schriftsteller der Zeit schrieb sogar: „Es wird nicht an Selbstvertrauen mangeln, es auszusprechen; und die Autorität, die so verkündet, wird den Namen und den Ton der Philosophie annehmen, dass es sich bei der ganzen Angelegenheit um nichts weiter als eine kunstvolle Erfindung handele; dass es keine Intervention einer intelligenten Agentur gab, die nicht mit der des unmittelbaren angeblichen Agenten übereinstimmte. Aber kann diese Annahme auf einer anderen Grundlage als der vorherigen allgemeinen Annahme getroffen werden, dass es keinen solchen übernatürlichen Eingriff in das System der Welt gibt? Aber woher *weiß man*, dass das nicht der Fall ist? Die in selbstbewusster Unwissenheit gefällte negative Entscheidung ist eine eingebildete Unverschämtheit, die von der Philosophie, deren Orakel sie auszusprechen vorgibt, zurechtgewiesen werden sollte. Denn was jeder Mensch weiß oder wissen kann, kann ein solcher Eingriff sein. Dass es mit der Verfassung der Welt nicht unvereinbar ist , ist für die einfachen Gläubigen der heiligen Aufzeichnungen eine unbestreitbare Tatsache. Und nicht wenige Ereignisse in der späteren Geschichte haben sich jedem Versuch einer anderen Erklärung völlig widersetzt .“ A

Und doch sagt Sir Gardiner Wilkinson, der später nach Ägypten reiste und den Zauberer besuchte :

„Als ich ihn aufsuchte, war ich entschlossen, die Angelegenheit mit größter Aufmerksamkeit zu prüfen und mich gleichzeitig von jeder vorherigen Voreingenommenheit zu befreien, sei es für oder gegen seine angeblichen Kräfte. Nachdem eine Gruppe zusammengestellt worden war, um der Ausstellung beizuwohnen, trafen wir uns nach vorheriger Vereinbarung am Mittwochabend, dem 8. Dezember, im Haus von Herrn Lewis. Der Zauberer wurde hereingeführt, und nachdem wir seinen Platz eingenommen hatten, setzten wir uns alle hin, einige vor ihm, andere an seiner Seite. Die Gruppe bestand aus Oberst Barnet, unserem Generalkonsul, Herrn Lewis, Dr. Abbott, Herrn Samuel, Herrn Christian, Herrn Prisse , einem weiteren französischen Herrn und mir, von denen vier sehr gut Arabisch verstanden; so dass wir keinen Dolmetscher brauchten. Nachdem sich der Zauberer mit vielen von uns über verschiedene Themen unterhalten und zwei oder drei Pfeifen besprochen hatte, bereitete er sich auf die Aufführung vor. Er verlangte zunächst, dass ihm ein Kohlenbecken mit glühender Holzkohle gebracht werde, und beschäftigte sich in der Zwischenzeit damit, auf einen langen Zettel fünf Sätze mit jeweils zwei Zeilen zu schreiben, dann zwei weitere, einen mit einer einzigen Zeile: und das andere von beiden als Anrufung der Geister. Jeder Satz begann mit „ Tuyurshoon “. Jedes war von dem darüber und darunter liegenden durch eine Linie getrennt, um ihm die Anweisung zu geben, sie auseinanderzureißen. Dann wurde ein Junge gerufen, dem befohlen wurde, sich vor den Zauberer zu setzen. Er tat es, und nachdem der Zauberer Mr. Lewis um etwas Tinte gebeten hatte, zeichnete er mit einer Feder auf der Handfläche seiner rechten Hand ein Doppelquadrat nach, das die neun Zahlen in dieser Reihenfolge oder auf Englisch enthielt – also jeweils fünfzehn; die mittlere Zahl ist fünf – die böse Zahl. Dies bemerkte ich dem Zauberer, aber er gab keine Antwort. Ein Kohlenbecken wurde gebracht und zwischen den Zauberer und den Jungen gestellt, dem befohlen wurde, beharrlich in die Tinte zu schauen und zu berichten, was er sehen sollte. Ich bat den Zauberer, langsam genug zu sprechen, um mir Zeit zu geben, jedes Wort aufzuschreiben, was er versprach, ohne über die Bitte unzufrieden zu sein; Auch hatte er im Vorfeld der Aufführung keine Einwände gegen meinen Versuch erhoben, ihn beim Sitzen zu skizzieren. Er begann nun mit einer Beschwörungsformel, bei der er die Geister durch die Macht „unseres Herrn Soolayman " anrief , wobei er die Worte „ tuyurshoon " und „ haderoo " (anwesend sein) häufig wiederholte.

„Dann murmelte er Worte vor sich hin, zerriss die verschiedenen Sätze, die er geschrieben hatte, und legte sie nacheinander zusammen mit etwas Weihrauch ins Feuer. Als das erledigt war, fragte er den Jungen, ob jemand gekommen sei. *Junge.* „Ja, viele." – *Zauberer.* „Sag ihnen, sie sollen fegen." – *B.* „Kehren." – *M.* „Sag ihnen, sie sollen die Fahnen bringen." – *B.* „Bringt die Fahnen." – *M.* „Haben sie welche mitgebracht?" – *B.* „Ja .' – *M.* ‚O, welche Farbe ?' – *B.* ‚Grün.' – *M.* ‚Sag, bring noch einen mit.' – *B.* ‚Bring noch einen.' – *M.* ‚Ist es gekommen?' – *B.* ‚ Ja, ein grüner.' – *M.* ‚Noch einer.' – *B.* ‚Noch einer.' – *M.* ‚Ist er mitgebracht?' – *B.* ‚Ja, noch ein grüner – sie sind alle grün.' Dieser Junge wurde dann weggeschickt und ein anderer mitgebracht, der den Zauberer noch nie zuvor gesehen hatte, da er von Mr. Lewis absichtlich mit einem anderen ausgewählt worden war; aber nach vielen Beschwörungen, Weihrauch und langem Warten konnte er nichts sehen und schlief über der Tinte ein. Dann wurde der andere Junge herbeigerufen, aber er konnte wie der andere nicht dazu gebracht werden, etwas zu sehen; und ein vierter wurde hinzugezogen, der offensichtlich schon zuvor seine Rolle gespielt hatte. Zuerst sah er einen Schatten und ihm wurde befohlen, ihm zu sagen, er solle schlafen. und nach den Fahnen und dem Sultan wie üblich schlug jemand vor, Lord Fitzroy Somerset zu rufen. Er wurde in einem weißen Frank-Kleid, einem langen, hohen, weißen Hut, *schwarzen Strümpfen* und weißen Handschuhen beschrieben, war groß und stand *mit schwarzen Stiefeln vor ihm* . Ich fragte, wie er seine Strümpfe mit Stiefeln sehen könne? Der Junge antwortete: „Unter seiner Hose ." Er fuhr fort: „Seine Augen sind weiß, er hat Schnurrbärte, keinen Bart, nur kleine Schnurrhaare und gelbes oder helles Haar; er ist dünn, dünne Beine, dünne Arme; in der linken Hand hält er einen Stock, in der anderen eine Pfeife; Er hat ein schwarzes Taschentuch um den Hals, sein Hals ist zugeknöpft, seine Hosen sind lang, er trägt eine grüne Brille. Als der Zauberer sah, dass einige aus der Gruppe über die Beschreibung und ihre Ungenauigkeiten lächelten, sagte er zu dem Jungen: „Erzähle keine

Lügen, Junge." Darauf antwortete er: „Das tue ich nicht; Warum sollte ich?'
– M. „Sag ihm, er soll gehen." – B. „Geh." Als nächstes wurde Königin
Victoria gerufen, die als klein beschrieben wurde, gekleidet in schwarze Hosen
, einen weißen Hut, schwarze Schuhe, weiße Handschuhe, einen roten Mantel
mit Futter und eine schwarze Weste, mit Schnurrbart, aber ohne Bart und
Schnurrbart, und sich zurückhaltend seine Hand ein Glas. Er wurde gefragt,
ob die Person ein Mann oder eine Frau sei? Er antwortete: „Ein Mann." Wir
sagten dem Zauberer, dass es unsere Königin sei! Er sagte: „Ich weiß nicht,
warum sie sagen sollten, was falsch ist; Ich wusste, dass sie eine Frau war, aber
die Jungs beschreiben, wie sie sehen.'

„Aus der Art und Weise, wie die Fragen gestellt wurden, ist es sehr
offensichtlich, dass, wenn ein Junge überredet wird, etwas zu sehen, das
Erscheinen des Straßenfegers, der Fahnen und des Sultans das Ergebnis
leitender Fragen ist." Der Junge tut so, als würde er einen Mann oder einen
Schatten sehen, und ihm wird gesagt, er solle jemandem befehlen , zu fegen.
Daher ist er mit seiner Antwort vorbereitet; und das Gleiche geht bis zum
Ende weiter, wobei der Zauberer ihm immer sagt, was er rufen soll und was
er folglich sehen soll. Die nachgefragten Personenbeschreibungen sind fast
durchweg völlige Fehlschläge."

Nach diesen und anderen Einzelheiten sagt Sir Gardiner: „Ich bin
entschieden der Meinung, dass der gesamte erste Teil ausschließlich aus
Leitfragen besteht und dass, wann immer die Beschreibungen in irgendeinem
Punkt erfolgreich sind, der Erfolg auf Zufall oder Unbeabsichtigtheit
zurückzuführen ist." Aufforderung in der Art und Weise, die Jungen zu
befragen." B

Ein späterer Reisender , Lord Nugent, beleuchtet den Sachverhalt in
einem neuen Licht:

„Es genügt zu sagen, dass nicht eine Person, die Abd-el-Kader beschrieb,
auch nur die geringste Ähnlichkeit mit der von uns genannten hatte; und alle
Gerufenen waren von bemerkenswertem Aussehen. Alle Vorbereitungen, alle
Zeremonien und alle Beschreibungsversuche wiesen Beweise für einen so
groben und dummen Betrug auf, dass jedes Detail des Verfahrens oder jedes
Argument, das darauf hindeutete, es mit irgendeiner wunderbaren Macht,
genialen Kunst oder … in Verbindung zu bringen, zunichte gemacht werden
würde interessante Anfrage, reine kindische Zeitverschwendung. Wie kommt
es dann, dass respektable und sensible Geister durch die Zurschaustellung
dieses Betrügers erschüttert wurden? Ich denke, dass die Lösung, die Herr
Lane selbst als wahrscheinlich vorgeschlagen hat, ziemlich vollständig ist. Als
die Ausstellung zu Ende war, führte Herr Lane ein Gespräch mit dem
Zauberer, das er uns anschließend wiederholte. Als Antwort auf eine
Bemerkung von Mr. Lane zu seinem völligen Scheitern gab der Zauberer zu,

dass er „seit dem Tod von Osman Effendi oft gescheitert sei" – derselbe Osman Effendi, von dem Mr. Lane in seinem Buch erwähnt, dass er es war die Partei bei jeder Gelegenheit, bei der er Zeuge der Kunst des Zauberers gewesen war und deren Zeugnis die *Quarterly Review* zur Unterstützung des Wunders anführt, das sie (viel zu tief nach dem suchend, was tatsächlich sehr nahe an der Oberfläche liegt) versucht zu lösen, indem die Wahrscheinlichkeit verschiedener komplizierter optischer Kombinationen vorgeschlagen wird.

„Und es sei noch einmal darauf hingewiesen, dass optische Kombinationen nicht einen einzigen Lichtstrahl auf die Hauptschwierigkeit werfen können, die Mittel zur Herstellung der für die abwesende Person erforderlichen Ähnlichkeit. Ich gebe nun Mr. Lanes Lösung des gesamten Rätsels in seinen eigenen Worten wieder, meine Notiz dazu habe ich ihm vorgelegt und seine bereitwillige Erlaubnis eingeholt, sie auf jede Art und Weise, die ich für richtig halte, öffentlich zu machen. Dieser Osman Effendi, erzählte mir Mr. Lane, war ein Schotte, der früher in einem britischen Regiment diente und 1807 während unserer unglücklichen Expedition nach Alexandria von der ägyptischen Armee gefangen genommen wurde; dass er als Sklave verkauft und überredet wurde, dem Christentum abzuschwören und sich zum muslimischen Glauben zu bekennen; dass er, indem er seine Talente für seine Bedürfnisse einsetzte, sich durch einige wenige medizinische Kenntnisse, die er sich im Dienst im Regimentskrankenhaus angeeignet hatte, nützlich machte; dass er seine Freiheit auf Veranlassung des Scheichs Ibraim (M. Burckhardt) durch Herrn Salt erlangte; dass er im Laufe der Zeit zweiter Dolmetscher des britischen Konsulats wurde; dass Osman sehr wahrscheinlich durch Porträts oder auf andere Weise mit dem allgemeinen Erscheinungsbild der meisten berühmten Engländer vertraut war und sicherlich die besondere Kleidung englischer Berufe wie Armee, Marine, Kirche und die gewöhnlichen Gewohnheiten von Personen beschreiben konnte verschiedene Berufe in England; dass Osman bei allen Gelegenheiten, bei denen Mr. Lane Zeuge des Erfolgs des Zauberers war, anwesend gewesen war, gehört hatte, wer zum Erscheinen aufgerufen werden sollte, und so wahrscheinlich eine Beschreibung der Figur erhalten hatte, als sie erschien die Erscheinung eines privaten Freundes anwesender Personen sein; dass er bei diesen Gelegenheiten höchstwahrscheinlich über einen vorher festgelegten Wortcode verfügte, mit dem er heimlich mit dem Zauberer kommunizieren konnte. Dazu muss hinzugefügt werden, dass seine erklärte Moraltheorie in allen Fällen lautete: „Wir erfüllten unsere ganze Pflicht, wenn wir das taten, was wir für das Beste für unsere Mitgeschöpfe und für sie am angenehmsten hielten." Osman war anwesend, als Mr. Lane so erstaunt war, als er hörte, wie der Junge die Person von M. Burckhardt sehr genau beschrieb, mit dem der Zauberer nicht vertraut war, der aber Osmans Gönner gewesen war und der auch den anderen Herrn gut kannte Herr Lane gibt in seinem Buch an, dass der Junge offenbar krank aussah und auf einem Sofa lag, und Herr Lane fügte hinzu, dass er *wahrscheinlich* von Osman nach dem Gesundheitszustand dieses Herrn gefragt worden sei, von dem Herr Lane damals wusste, dass er darunter litt ein Anfall von Rheuma. Er schloss daher mit der Feststellung, dass für ihn kein Zweifel bestehe und dass all diese Umstände mit der Erklärung des Zauberers in Zusammenhang stünden, die er gerade abgegeben hatte, dass Osman der Verbündete gewesen sei. So habe ich in Mr. Lanes Worten, nicht nur mit seiner Zustimmung, sondern auch auf sein bereitwilliges Angebot hin, dargelegt, was er zweifellos an der Erklärung des gesamten Themas hat, das seiner Meinung nach keiner tieferen Untersuchung bedarf; und das wurde von vielen als Wunder aufgefasst, weil er die Aussage, die er in seinem Buch darlegte, übertrieben betrachtete, bevor er, wie er jetzt ist, von der Betrügerei überzeugt war. Ich erkläre dies gerne mit der Autorität eines aufgeklärten und ehrenwerten Mannes, um Geister eines Besseren zu belehren, die sich in ernsthafte Spekulationen über eine Angelegenheit vertieft haben, die meiner Meinung nach völlig unverdient ist ." C – So wahr ist es, dass, während viele Wirkungen, die für die Menge geheimnisvoll erscheinen, durch diejenigen mit größerem Wissen erklärt werden können, andere, die sich eine Zeit lang der Durchdringung entziehen, schließlich in ihrer wahren Bedeutung klar zur Schau gestellt werden Licht. Es liegt daher an uns, die Zeugenaussagen sorgfältig zu prüfen, nur das zu erhalten, was einer Prüfung standhält, und unser Urteil auszusetzen, wenn wir mit dem *gesamten* Fall nicht vertraut sind. Die besten Männer neigen dazu, Fehler zu machen; Und gut ist es, wenn wir, indem wir von ihnen aufhören, durch die göttliche Gnade dazu geführt werden, bedingungslos auf den Gott der Wahrheit zu vertrauen.

KAPITEL III.

Maschinen, die in der Antike als magisch galten – Bemerkenswerte moderne Automaten – Minutenmaschinen – Die Rechenmaschine.

DAS Licht der modernen Wissenschaft hat uns viele wichtige Geheimnisse offenbart. Im dunklen Zeitalter gab es nur wenige Bücher; es war damals Mode, sie in Latein zu schreiben; und da sie aufgrund ihrer Kostspieligkeit nur von wohlhabenden Männern erworben werden konnten, konnten sie nur von denen verstanden werden, die die Vorzüge der Bildung genossen hatten. Die Wissenschaft ist heute leicht zugänglich, aber obwohl es nicht für uns alle notwendig ist, Philosophen zu werden, gibt es keinen guten Grund, warum die Menschen im Allgemeinen nicht mit einigen der bemerkenswertesten Phänomene der natürlichen Welt vertraut sein sollten. Der inspirierte Psalmist hat gesagt: „Die Werke des Herrn sind groß und werden von allen gesucht, die Freude daran haben." und es liegt an allen, je nach ihren Mitteln und Möglichkeiten, sich diese Wahrheit zu Herzen zu nehmen. Wir betrachten nun einige als magisch angesehene Wirkungen, die anhand natürlicher Prinzipien, beginnend mit der Mechanik, zufriedenstellend erklärt werden können.

Die Menschen der Antike besaßen die Fähigkeit, wunderbare oder magische Maschinen zu konstruieren. Archytas, ein Eingeborener aus Tarentum in Italien, der vierhundert Jahre vor der Geburt unseres Herrn und Erlösers lebte , soll eine hölzerne Taube geschaffen haben, die flog und sich einige Zeit in der Luft hielt. Auch andere clevere Erfindungen werden erwähnt. „Ein Zauberer", sagt D'Israeli , „war, wie Philosophen es immer noch sind, über Passagiere auf der Straße genervt; und er besonders, indem er Pferde unter seinem Fenster zum Trinken führen ließ. Einem der Bücher des Hermes zufolge baute er ein magisches Pferd aus Holz, das seinen Zweck perfekt erfüllte, indem es die Pferde, oder besser gesagt, die Stallknechte, verscheuchte! Das Holzpferd gab zweifellos einen spürbaren Tritt."

Es ist erwähnenswert, dass Geschichten aus der Antike mit Vorsicht zu genießen sind. Wir halten es für notwendig, auch zu einem viel späteren Zeitpunkt. Die Tricks, die jetzt die Bevölkerung auf einem Jahrmarkt unterhalten oder in Erstaunen versetzen, wären in leichtgläubigen Zeiten stark übertrieben und nehmen oft sogar die unheilvollste Färbung an . Es ist auch nicht schwer, die Stadien ähnlicher und großer Mystifikationen zu erraten und manchmal auch zu entdecken. Der folgende Fall ist ziemlich bemerkenswert. Als Karl V. Nürnberg betrat, stellte ein berühmter deutscher Astronom, der mit bürgerlichem Namen Johann Müller hieß, sich aber Regiomontanus nannte, einige von ihm konstruierte Automaten aus. Dabei handelte es sich um einen hölzernen Adler, der am Tor der Stadt angebracht war und sich erhob und mit den Flügeln schlug, während der Kaiser unten vorbeiging; und eine Fliege aus Stahl, die um einen Tisch herumging. Nun ist das alles hinreichend glaubwürdig. Doch wie lauten die Aufzeichnungen der Chronisten nur wenige Jahre später? Dass der hölzerne Adler vom Turm sprang und in die Luft schwebte; und dass die Stahlfliege dreimal um den Kaiser herumflog und sich dann summend auf seiner Hand niederließ!

In vielen Fällen ist der Mechanismus der Neuzeit überraschend klein. Ein Uhrmacher in London präsentierte seine Majestät Georg III. mit einer von ihm konstruierten, in einen Ring eingelassenen Repetieruhr. Seine Größe betrug etwas weniger als ein silberner Zwei-Pence; es bestand aus einhundertfünfundzwanzig verschiedenen Teilen und wog insgesamt nicht mehr als fünf Pennyweights und sieben Grains!

In einer Ausstellung von Maillardet , die der Autor gesehen hat, flog plötzlich der Deckel einer Kiste auf und ein kleiner Vogel mit wunderschönem Gefieder sprang aus seinem Nest hervor. Die Flügel flatterten, und der Schnabel öffnete sich mit der zitternden Bewegung, die Singvögeln eigen ist, und begann zu trällern. Nach einer Reihe von Tönen, deren Klang eine große Wohnung gut erfüllte, zog es sich in sein Nest zurück und der Deckel schloss sich. Die Aufführungen dauerten etwa vier Minuten. In derselben Ausstellung waren eine automatische Spinne, eine Raupe, eine Maus und eine Schlange zu sehen; Alle zeigten die besonderen Bewegungen der Lebewesen. Die Spinne bestand aus Stahl: Sie lief drei Minuten lang auf der Oberfläche eines Tisches und tendierte dabei zur Tischmitte. Die Schlange kroch in alle Richtungen, öffnete ihr Maul, zischte und streckte ihre Zunge hervor.

Vor einigen Jahren fertigte ein Uhrmacher aus der Stadt, in der der Schriftsteller lebte, ein funktionierendes Modell einer Dampfmaschine an, deren Verpackung aus einer Walnussschale bestand. Als die Maschine eines Tages einem Herrn gezeigt wurde, wurde sie plötzlich gestoppt und der Mechaniker bemerkte: „Mit einem der Sicherheitsventile stimmt etwas nicht." "Sicherheitsventil!" rief der Beobachter aus; „Ich konnte das Schwungrad noch nicht erkennen!"

Das merkwürdigste Exemplar winziger Handwerkskunst, das uns bekannt ist, ist jedoch ein Hochdruckmotor, das Werk eines Uhrmachers, der einen Stand am Polytechnischen Institut hatte und erstmals 1845 ausgestellt wurde. Jedes Teil wurde maßstabsgetreu gefertigt, es funktionierte mit atmosphärischem Druck, statt mit Dampf, mit größter Aktivität, war aber so klein, dass es auf einem Viergroschenstück stand, mit freiem Boden, und mit Ausnahme des Schwungrads könnte es auch so sein mit einem Fingerhut bedeckt.

Vaucanson konstruierten Flötenspieler, den er 1738 in Paris ausgestellt sah. Der Autor hat auch einen gesehen, in dem eine Figur saß, sich dann erhob und eine Melodie spielte, wobei die Bewegungen der Finger schienen im Einklang mit den Notizen. Er kann nicht dafür verantwortlich sein, dass die Musik durch die Bewegungen der Hände des Automaten erzeugt wurde. D'Alembert behauptet jedoch, dass der Automat von Vaucanson tatsächlich die Luft mit seinen Lippen gegen den Ansatz des Instruments projizierte und die verschiedenen Oktaven erzeugte, indem er ihre Öffnungen erweiterte und zusammenzog, mehr oder weniger Luft abgab und die Töne mit seinen Fingern regulierte , in der Art lebender Künstler. Die Höhe der Figur betrug mit dem Sockel, der einige der Maschinen enthielt, fast sechs Fuß; Es umfasste drei Oktaven, von denen Musiker mehrere Noten nur schwer produzieren können. Vor einigen Jahren wurden hierzulande zwei lebensgroße Automatenflötenspieler ausgestellt, die zehn oder zwölf Duette spielten. Dass sie tatsächlich Flöte spielten, ließ sich beweisen, indem man den Finger auf ein Loch legte, das für einen Moment von den Automaten nicht angehalten wurde.

M. Vaucanson brachte einen Flageolettspieler hervor, der mit einer Hand ein Tamburin schlug. Das Flageolett hatte nur drei Löcher, und einige Noten wurden dadurch erzeugt, dass diese halb verschlossen wurden. Der tiefste Ton wurde durch eine Windstärke von einer Unze erzeugt, der höchste durch einen von sechsundfünfzig französischen Pfund. Als sein Meisterwerk galt jedoch eine Ente ; es tüftelte im Sumpf, schwamm, trank, schnatterte, hob und bewegte seine Flügel und bekleidete sein Gefieder mit seinem Schnabel; Es streckte sogar seinen Hals aus, nahm Gerste aus der Hand und schluckte sie, wobei man beobachtete, wie sich die Muskeln des Halses bewegten, und verdaut die Nahrung mit Hilfe von Materialien, die für die Auflösung im Magen bereitgestellt wurden. Der Erfinder machte kein Geheimnis aus der Maschine, die seinerzeit große Bewunderung hervorrief.

Maelzel , der Erfinder des Metronoms oder Zeitmessers, der häufig zur Unterstützung von Schülern beim Musizieren verwendet wurde, stellte 1809 in Wien einen weiteren Automaten von einzigartiger Kraft aus; der in der Uniform eines Trompeters des österreichischen Dragonerregiments Albert erschien, das Instrument an den Mund gelegt. Als die Figur auf die linke Schulter gedrückt wurde, spielte sie nicht nur den österreichischen Kavalleriemarsch und alle Signale dieser Armee, sondern auch einen Marsch und Allegro von Weigl , der vom gesamten Orchester begleitet wurde. Die Kleidung der Figur wurde dann in die eines französischen Trompeters der Garde geändert, als sie begann, einen französischen Kavalleriemarsch, alle Signale, den Marsch von Dussek und ein Allegro von Pleyel zu spielen, wiederum begleitet vom vollen Orchester. Maelzel hat sein Instrument öffentlich nur zweimal an der linken Hüfte aufgezogen. Der Klang der Trompete war rein und besonders angenehm.

Vor etwa dreißig Jahren stellte Maillardet in Spring Gardens verschiedene Automaten aus, die der Schriftsteller zu einem späteren Zeitpunkt sehen konnte. Eine davon war die Figur eines Jungen, der mit bemerkenswerter Schnelligkeit und Korrektheit Sätze schrieb und bestimmte Gegenstände zeichnete. Eine andere war Pianistin und saß an einem Pianoforte, auf dem sie achtzehn Melodien spielte. Alle ihre Bewegungen waren anmutig. Bevor sie eine Melodie anfing, neigte sie sanft ihren Kopf zu ihren Zuhörern; Ihr Busen bewegte sich, und ihre Augen folgten der Bewegung ihrer Finger über das Griffbrett. Wenn der Automat einmal aufgezogen war, spielte er eine Stunde lang weiter; und der Hauptteil der eingesetzten Maschinerie war der Öffentlichkeit frei zugänglich. Es wurde bezweifelt, ob die Musik tatsächlich vom Automaten erzeugt wurde: Seit der Zeit, auf die wir uns beziehen , hat der Autor eine andere untersucht, bei der die Tasten des Instruments sicherlich durch Berührung beeinflusst wurden.

Zu verschiedenen Zeiten hat er auch mehrere sehr seltsam konstruierte Automaten gesehen: die Figur einer Dame, die über eine ebene Fläche gehen konnte, ihre Gliedmaßen ausstreckte und den Kopf von einer Seite zur anderen bewegte; ein Trinker, der Wein aus einer Karaffe in ein Glas gießen, den Mund öffnen und die Flüssigkeit schlucken und so weitermachen konnte, bis die Flasche leer war; und ein Darsteller am Schlaffseil, dessen überaus schnelle Bewegungen des Körpers, der Arme und des Kopfes, alle gleichmäßig und anmutig, wirklich erstaunlich waren.

Ein sehr schöner Automat wurde vor einigen Jahren in Paris und anschließend in London ausgestellt. Es erschien in einem Gerichtsverfahren, an einem Tisch sitzend, in der Haltung des Schreibens. Mehrere auf Tafeln eingeschriebene Fragen wurden auf den Tisch gelegt, auf dem der gesamte Apparat stand, und die Besucher konnten nach Belieben eine oder mehrere auswählen. Als die Tafel mit einer Frage dem Wärter ausgehändigt wurde, wurde sie in eine Schublade gelegt, und sobald diese geschlossen war, zeichnete die Figur eine entsprechende Antwort auf Papier. Auf die gestellte Frage: „Wer kann ohne ein Verbrechen flüchtig sein?" Die Antwort war: „Ein Schmetterling." Und da die Figur sowohl eine Antwort zeichnen als auch schreiben konnte, als die Frage gestellt wurde: „Was ist das Symbol der Treue?" es zeichnete im Umriss die Form eines Windhundes. In gleicher Weise wurde während der gesamten Fragenreihe verfahren.

In einigen Fällen wird die Wirkung von Automaten dadurch verstärkt, dass der Aussteller bestimmte Fragen stellt und von der Figur Antworten erhält – als Kopfschütteln, um eine Verneinung anzuzeigen; oder Nicken, um Zustimmung anzuzeigen. Es ist offensichtlich, dass hier die Fragen oder

Bemerkungen in Übereinstimmung mit den Anträgen eingeworfen werden, die die Figur machen soll. Wenn jedoch ein Künstler, wie es kürzlich geschehen ist, eine Pfeife in den Mund eines Automaten steckt und dann, neben ihm sitzend, eine Melodie auf einer Gitarre spielt und wünscht, dass die Figur ihn begleitet; Die hastigen Töne, mit denen die Figur zu beginnen scheint, die Unregelmäßigkeit, mit der sie fortschreitet, und die lange und laute Schlussnote können alle leicht von irgendeinem Verbündeten wiedergegeben werden. So überraschend die von vielen Automaten erzeugten Wirkungen auch sind, wäre es falsch zu folgern, dass ihre einzigen Ergebnisse das Staunen der Menge oder Gewinn oder Beifall für ihre Erfinder sind. „Sie führten", wie Sir David Brewster bemerkte, „zu den genialsten mechanischen Vorrichtungen und führten bei den höheren Künstlern die Gewohnheit einer schönen und genauen Ausführung bei der Herstellung der empfindlichsten Maschinenteile ein." Diese Kombinationen von Rädern und Ritzeln, die sich fast der Beobachtung entzogen, „tauchten in der erstaunlichen Mechanik unserer Spinnmaschinen und unserer Dampfmaschinen wieder auf. Die Elemente der taumelnden Marionette wurden im Chronometer wiederbelebt, das heute unsere Marine durch den Ozean dirigiert; und das formlose Rad, das die Hand des Zeichenautomaten (von Maillardet) lenkte, diente in der Gegenwart dazu, die Bewegungen der Rollmaschine zu steuern. Diese mechanischen Wunder, die in einem Jahrhundert nur den Zauberer bereicherten, der sie benutzte, trugen in einem anderen dazu bei, den Reichtum der Nation zu vermehren; und diese automatischen Spielzeuge, die einst das Gewöhnliche amüsierten, werden jetzt dazu verwendet, die Macht zu erweitern und die Zivilisation unserer Spezies zu fördern. Auf welche Weise auch immer die Macht des Genies erfinden oder kombinieren mag und auf welche schlechten oder sogar lächerlichen Zwecke diese Erfindung oder Kombination ursprünglich angewendet werden mag, die Gesellschaft erhält eine Gabe, die sie niemals verlieren kann; und auch wenn der Wert des Samens vielleicht nicht sofort erkannt wird , auch wenn er lange unproduktiv im unnützen Boden menschlichen Wissens liegen mag, wird er es tun; irgendwann seinen Keim entwickeln und der Menschheit seine natürliche und reiche Ernte bringen." D

Eine einzigartige Tatsache hängt mit der frühen Geschichte der Astronomical Society of London zusammen. Auf Kosten der Gesellschaft wurde ein wertvoller Tabellensatz zur Reduzierung der beobachteten Sterne auf die wahren Orte der Sterne vorbereitet, der mehr als dreitausend Sterne umfasste und alle bekannten Sterne der fünften Größenklasse umfasste alles Nützlichste vom sechsten und siebten. Ein Vorfall, der sich nun ereignete, führte zu einer der außergewöhnlichsten modernen Erfindungen. Um die Genauigkeit bei der Berechnung bestimmter Tabellen sicherzustellen , wurden separate Computer eingesetzt; und zwei Mitglieder der Gesellschaft, die ausgewählt worden waren, um die Ergebnisse zu vergleichen, stellten so viele Fehler fest, dass einer von ihnen sein Bedauern darüber zum Ausdruck brachte, dass die Arbeit nicht von einer Maschine ausgeführt werden konnte. Darauf antwortete das andere Mitglied, Herr Babbage, sofort, dass „das möglich sei"; und beharrlich in der Untersuchung, die sich ihm so nahegelegt hatte, stellte er eine Maschine zur Berechnung von Tabellen mit überraschender Genauigkeit her.

Der Rechenteil der Maschinerie nimmt einen Raum von etwa zehn Fuß Breite, zehn Fuß Höhe und fünf Fuß Tiefe ein. Es besteht aus sieben übereinander aufgestellten Stahläxten, von denen jedes achtzehn Räder mit einem Durchmesser von fünf Zoll trägt, auf denen sich kleine Fässer befinden und auf denen die Symbole 0, 1 bis 9 eingraviert sind. Die Maschine rechnet auf achtzehn Dezimalstellen genau: getreu der letzten Zahl; aber durch Hilfsvorrichtungen ist es möglich, auf dreißig Dezimalstellen zu rechnen. Herr Babbage hat seitdem eine Maschine erfunden, die in ihrer Konstruktion viel einfacher und in ihrer Anwendung weitaus umfassender ist.

Bei dieser Aufzählung verschiedener Manifestationen mechanischer Genialität werden wir daran erinnert, dass der Prophet Jesaja, nachdem er die verschiedenen Arbeiten des Ackerbauers beschrieben hat, hinzufügt: „Auch dies kommt vom Herrn der Heerscharen, der wunderbar im Rat und vortrefflich im Wirken ist." " Bei all den Beweisen, die wir für menschliches Talent haben, lasst uns also anerkennen, dass „jede gute Gabe und jede vollkommene Gabe von oben kommt und vom Vater des Lichts herabkommt, bei dem es keine Veränderlichkeit und keinen Schatten der Veränderung gibt", Jak . ich . 17. Mögen die Gaben Gottes immer zur göttlichen Ehre genutzt werden!

KAPITEL IV.

Erdphänomene – Fußspuren auf Felsen – Der Logan-Stein – Geräusche in Steinen – Die Höhle von St. Paul – Atmosphärische Phänomene – Wechselnde Quellen – Wasser von magischer Kraft.

UM die Wirkungsweise der Naturgesetze zu veranschaulichen, können wir uns nun mit einigen der Phänomene befassen, die mit dem von uns bewohnten Globus zusammenhängen und über die man, wenn man nur wenig weiß, immer noch falsche und oft abergläubische Meinungen hegt.

wunderbare Geschichten erzählt. Es gibt zum Beispiel eine Überlieferung, dass ein Adliger sich an der Verfolgung beteiligte oder von seinen Feinden verfolgt wurde, ohne verletzt zu werden; dessen Pferd die Abdrücke seiner Füße auf einer Steinmasse hinterließ, über die es ging. Aber unglücklicherweise für die Geschichte wurden außer denen der Pferdefüße noch andere Abdrücke beobachtet; und es wird von verschiedenen Naturforschern, die Anerkennung verdienen, bestätigt, dass sie von sehr verschiedenen Tieren in einer fernen Zeit hergestellt worden sein müssen, bevor der Stein vollständig ausgehärtet war. Andere Beispiele der gleichen Art könnten leicht angeführt werden. Im British Museum gibt es eine Platte mit ähnlichen Abdrücken, die offensichtlich mit den gleichen Mitteln hergestellt wurde. Es wurde aus großer Tiefe gegraben; Über der Schicht hatte sich eine viele Fuß dicke Steinmasse gebildet, die in weichem Zustand den Abdruck der Füße mehrerer Tiere aufnahm.

Andere Eindrücke, von denen wir lesen oder hören, sind nichts weiter als Kunstgriffe. Dies ist höchstwahrscheinlich der Eindruck des Fußes von Budda auf dem Adam-Gipfel in Ceylon; der Abdruck des Fußes des Idols Gaudama aus dem burmesischen Reich, der dreimal reproduziert wurde; und ganz sicher ist dies der Fall bei den sogenannten Abdrücken der Füße unseres gesegneten Herrn und Erlösers , die bis heute auf dem Ölberg gezeigt werden.

Die Höhle von St. Paul in Civita Vecchia , die ehemalige Hauptstadt der Insel Malta, ist eine Ausgrabungsstätte, etwa neunzehn Fuß hoch und fünfzig Fuß im Umfang; in einem weichen, weißen Kalksteinfelsen, bröckeliger als Kreide. Der Glaube, dass der Stein mit wundersamen medizinischen Kräften ausgestattet sei, führte dazu, dass die Menschen während der Herrschaft der Ritter große Mengen davon wegtrugen. Im Jahr 1770, als Brydone sie besuchte , erfreute sich die Höhle größter Berühmtheit; Nicht nur jedes Haus auf der Insel verfügte über eine medizinische Truhe davon, sondern es wurden auch große Mengen in verschiedene Länder Europas und sogar nach Ostindien verschickt. Es wurde angenommen, dass es über eine wundersame

Kraft verfügte, die es vor dem Verfall bewahrte; Dies kann durch ein Naturgesetz erklärt werden – den noch andauernden Kalkbildungsprozess –, während seine Heilkraft darauf zurückzuführen ist, dass es einige der Eigenschaften von Magnesia besitzt; was laut Dr. Walsh dazu führt, dass es immer noch als Abführ- und Schweißmittel bei Eruptions- oder Fieberbeschwerden verabreicht wird.

Ein Beispiel groben Aberglaubens im Zusammenhang mit Steinen ist zu wichtig, als dass man es weglassen könnte. Die Prüfung durch Tortur scheint schon sehr früh bei den keltischen Stämmen Europas praktiziert worden zu sein, die immer unter dem Einfluss einer listigen und herrschsüchtigen Priesterschaft standen. So wird gesagt, dass die Druiden in Fällen zweifelhafter Anschuldigungen die in Großbritannien üblichen Wackelsteine verwendeten und dass der Täter freigesprochen oder verurteilt wurde, je nachdem, ob es ihm gelang oder nicht, sie zu schütteln. Mason spielt in den folgenden Zeilen auf diesen Prozess an :

iehe, du bist riesig

nd unbekannte Sphäre des unnachgiebigen Lebens,

as durch Magie balanciert sein zentrales Gewicht ruht

uf dem spitzen Felsen da drüben; fest, wie es scheint,

as ist seine seltsame und tugendhafte Eigenschaft,

bewegt sich unterwürfig gegenüber der sanftesten Berührung

on dem, dessen Herz rein ist; aber zu einem Verräter,

uch wenn die Tapferkeit eines Riesen seinen Arm nervte,

steht so fest wie Snowdon ."

Ein wenig Wissen hätte den Geist von dieser Täuschung befreien können. Der berühmte Logan- oder Logging-Stein in der Nähe von Land's End in Cornwall ist ein riesiger Block mit einem Gewicht von etwa sechzig Tonnen. Die Oberfläche, die mit dem Untergestein in Berührung kommt, ist jedoch nur von sehr geringer Ausdehnung; und die ganze Masse ist so gut ausbalanciert, dass trotz ihrer Größe die Kraft eines einzelnen Mannes ausreicht, um sie zum Schwingen zu bringen, wenn sie auf die Unterkante ausgeübt wird. Es liegt in der Natur von Granit, durch die Einwirkung von Luft und Feuchtigkeit zu zerfallen oder sich zu zersetzen. Eine riesige Masse wird so in mehrere Blöcke gespalten, und schließlich wird durch die fortgesetzte Wirkung der Elemente einer am Rest aufgehängt.

Von Felsen ausgehende Geräusche wurden oft als unheilvoll angesehen. Als Mr. G. Bennett in Macao war, wurde seine Aufmerksamkeit auf eine Masse von Granitfelsen gelenkt, die aussahen, als wären sie durch eine Erschütterung der Natur voneinander getrennt, und von denen sich viele beim Betreten als beweglich erwiesen. Der erste und mit Abstand klangvollste wurde teilweise darunter ausgegraben; und indem man es auf den oberen Teil schlug, entstand ein tiefer Klang, „wie der einer Kirchenglocke". „Das ramponierte Aussehen des Steins oben", heißt es, „war ein deutlicher Beweis dafür, wie viele Besucher diesen Löwen zum Brüllen gebracht hatten." Viele der anderen Felsen waren ebenfalls klangvoll, aber nicht so laut wie die ersten, und aufgrund ihrer Lage „waren sie beweglich, wenn man darauf trat; aber es konnte nicht gesehen werden, ob sie wie die vorangegangenen ausgegraben wurden und infolgedessen klangvoll waren."

In der Kette von El- Heman und nicht weit vom Roten Meer entfernt liegt der Jebal Narkous oder „Berg der Glocke". Es bildet einen Teil einer Reihe niedriger Kalkhügel, die durch eine sandige Ebene verbunden sind und sich mit einer sanften Anhöhe bis zu ihrem Fuß erstrecken. Es besteht aus einem hellen, bröckeligen Sandstein, der ungefähr dem Rest der Kette entspricht. aber eine schiefe Ebene aus fast ungreifbarem Sand erhebt sich in einem Winkel von etwa vierzig Grad zum Horizont und wird von einem Halbkreis aus Felsen begrenzt, die gebrochene, abrupte und zinnenförmige Formen aufweisen und sich bis zum Fuß dieses bemerkenswerten Hügels erstrecken . Seine Höhe beträgt etwa 120 Meter.

Leutnant Wellsted bemerkte, dass die Form und Anordnung der Felsen in mancher Hinsicht einer Flüstergalerie ähnelte; aber er stellte durch Experimente fest, dass sie aufgrund ihrer unregelmäßigen Oberfläche für die Erzeugung eines Echos nur schlecht geeignet waren. Er saß auf einem Felsen am Fuße der abfallenden Anhöhe und wies einen Beduinen an, aufzusteigen. und erst als er eine gewisse Entfernung erreicht hatte, bemerkte der Leutnant, wie sich der Sand bewegte und den Hügel bis zu einer Tiefe von einem Fuß herunterrollte. Es floss jedoch nicht in einem kontinuierlichen Strom herab, sondern breitete sich, während der Araber nach oben kletterte, seitlich und nach oben aus, bis ein beträchtlicher Teil der Oberfläche in Bewegung war. Als der Sand zu fallen begann, könnten die erzeugten Geräusche mit den leisen Klängen einer äolischen Harfe verglichen werden, wenn ihre Saiten zum ersten Mal vom Wind erfasst werden. Als die Geräusche durch die zunehmende Geschwindigkeit des Abstiegs heftiger wurden, ähnelte das Geräusch eher dem Geräusch, das entsteht, wenn man mit befeuchteten Fingern über Glas zieht. Als es die Basis erreichte, erreichten die Echos die Lautstärke eines fernen Donners und ließen den Felsen, auf dem Leutnant Wellsted saß, vibrieren; und die Kamele, Tiere, die man nicht so leicht erschrecken kann, gerieten so in Angst und Schrecken, dass ihre Treiber sie nur mit Mühe zurückhalten konnten. Es wurde bemerkt, dass der Lärm nicht von jedem Teil des Hügels gleich kam; der lauteste entstand durch das Aufwirbeln des Sandes auf der Nordseite, etwa zwanzig Fuß von der Basis und etwa zehn Fuß von den Felsen entfernt, die ihn in dieser Richtung begrenzten . Der Überlieferung nach wurden hier die Glocken eines Klosters begraben; die Beduinen führen die Geräusche auf mehrere wilde und phantasievolle Ursachen zurück; aber in dem jetzt beschriebenen Experiment war es offensichtlich, dass die Geräusche manchmal schneller auf das Ohr trafen und zu anderen Zeiten länger anhielten, je nachdem der Araber die Geschwindigkeit seines Abstiegs erhöhte oder verlangsamte.

Dr. Chladni machte viele merkwürdige Experimente über die Figuren, die Sand und ähnliche Substanzen annehmen, wenn sie über vibrierende Klangkörper gestreut werden. Der Leser kann ein Experiment dieser Art leicht ausprobieren. Man nehme ein quadratisches Stück Glas, wie es für Fenster verwendet wird, mit einer Breite von mindestens 10 bis 12 cm, dessen Kanten durch Schleifen geglättet werden sollen. Verteilen Sie auf der Platte so gleichmäßig wie möglich etwas Sand und halten Sie sie zwischen Daumen und Zeigefinger in der Mitte fest. Führen Sie den Bogen einer Geige gegen eine ihrer Kanten und ziehen Sie ihn entweder nach oben oder nach unten hinein eine Richtung senkrecht zu seiner Oberfläche. Sofort wird eine zitternde Bewegung zu beobachten sein und der Sand nimmt eine bestimmte und feste Form an. Wenn der Bogen über die Mitte einer der Seiten geführt wird, ordnet sich der Sand in Richtung der beiden Diagonalen an und teilt das Quadrat in vier gleichschenklige Dreiecke. Wenn der Bogen an einem Punkt angebracht wird, der aus einem beliebigen Winkel ein Viertel der Länge des Quadrats beträgt, stellt die Anordnung des Sandes die beiden Durchmesser des Quadrats dar und teilt es in vier gleiche Figuren derselben Form . Wenn das Quadrat an den beiden Enden eines Durchmessers gehalten wird und der Bogen an den Enden des anderen Durchmessers angelegt wird, nimmt der Sand die Form eines Ovals an, dessen Hauptachse in die gleiche Richtung wie einer der Durchmesser weist.

Weitere Experimente der gleichen Art wurden seitdem von M. Voigt und auch von dem berühmten Oersted durchgeführt. Letzterer bedeckte eine Platte aus Metall oder Glas mit dem Lycopodium-Samen oder dem Samen des Bärlauchs anstelle von Sand; Dann versuchte er, einen Ton in der Art von Chladni zu erzeugen, und sah sofort, wie sich der Staub in eine Anzahl kleiner regelmäßiger Tumuli verteilte, die sich an ihren Enden in Bewegung setzten oder die von diesem Naturforscher entdeckten Figuren bildeten. Sie ordneten sich immer in Form einer Kurve an, deren Konvexität im Verhältnis zu dem vom Geigenbogen berührten Punkt oder zu dem Punkt stand, der eine analoge Lage hat; Je näher jeder dieser kleinen Haufen an diesen Punkten lag, desto größer war seine Höhe, ein Umstand, der der Figur eine bemerkenswerte Regelmäßigkeit verlieh. Das Innere der so erhaltenen kleinen Erhebungen befand sich während der Dauer des Schalls in ständiger Bewegung, und die Dauer der Schwingungen konnte auf einer Platte von 4 bis 6 Zoll Durchmesser beobachtet werden. In einem Moment nahm die Höhe zu, in einem anderen verringerte sie sich, und der Staub schien sich in kleinen Kügelchen anzuordnen, die übereinander rollten.

Wir können nun von diesen sehr interessanten Tatsachen zu anderen in weitaus größerem Maßstab zurückkehren. In der Nähe des Kom-el-Hett'an oder des Sandsteinhügels, auf dem sich einer der Paläste und Tempel von Amunoph III. befindet, stehen zwei Kolosser, die die Größe des antiken Theben zu behaupten scheinen. Die östlichste der beiden ist zweifellos die Statue, von der antike Autoren berichten, dass sie beim Aufgang der Sonne einen Ton von sich gibt. Es soll dem Zerreißen eines Metallrings oder einer Harfensaite ähneln. Der Aberglaube seiner römischen Besucher schrieb den Koloss Memnon zu, und eine Vielzahl von Inschriften schrieben ihm wundersame Kräfte zu. Die Erinnerung an seine tägliche Aufführung wird von den modernen Bewohnern Thebens noch immer in der traditionellen Bezeichnung Salamat, „Grüße", bewahrt. Es heißt, er habe den Kaiser Adrian und seine Königin Sabina zweimal „begrüßt"; Aber einige Personen, natürlich von bescheidenem Rang, waren bei ihrem ersten Besuch enttäuscht und mussten an einem anderen Morgen zurückkehren, um ihre Neugier zu befriedigen.

Und doch gibt es genügend Gründe zu der Annahme, dass das Ganze ein Kunstgriff der Priester war. Im Schoß der Statue liegt ein Stein; und als Sir Gardiner Wilkinson bei der Untersuchung der Inschriften entdeckte, dass ein gewisser Ballilla das Geräusch, das der Stein beim Schlagen aussendete, mit dem Schlagen von Messing verglichen hatte, beschloss er, die Sache auf die Probe zu stellen. Dementsprechend stellte er einige Bauern unten auf, stieg auf den Schoß der Statue und schlug mit einem kleinen Hammer auf den klangvollen Block. Als die Bauern fragten, was die Bauern gehört hätten, antworteten sie: „Sie schlagen Messing." „Das", sagt Sir Gardiner, „überzeugte mich davon, dass das Geräusch das Geräusch war, das die Römer täuschte, und veranlasste Strabo zu der Beobachtung, dass es ihm wie die Wirkung eines leichten Schlags vorkam." „Die thebanischen Priester", fügt er hinzu, „müssen erheblich von der Leichtgläubigkeit derer profitiert haben, die ihren *Löwen besuchten* ."

Der Leser, der vielleicht den herrlichen Spaziergang von Tunbridge Wells zu den High Rocks unternommen und sich insbesondere diese riesigen Massen angesehen hat, wird sich sicherlich an den „Bell Rock" erinnern. Wenn man den Raum zwischen diesem und dem nächsten betritt, kann man mit einem Stock darauf schlagen, wobei ein Geräusch zu hören ist, wie es entsteht, wenn ein großer metallischer Körper geschlagen wird.

In der Straße, die Napoleon zwischen Savoyen und Frankreich geschlagen hat, und etwa zwei Meilen von Les Echelles entfernt, gibt es eine Galerie von siebenundzwanzig Fuß Höhe und Breite sowie einer Länge von 960 Fuß, die in den festen Fels eingearbeitet ist. Als diese Straße fast fertig war und die Ausgrabungen an beiden Enden fast zusammentrafen, wurde die Trennwand mit einer Spitzhacke durchbrochen und ein lauter und tiefer Ton war zu hören. Wir sind Herrn Bakewell für die folgende Lösung dieses Phänomens zu Dank verpflichtet. Der Berg erhebt sich satte tausend Fuß über den Durchgang und fünfzehnhundert über das Tal. Die Luft auf der Ostseite des Berges ist sowohl im Süden als auch im Westen vor den Sonnenstrahlen geschützt; und muss daher viel kälter sein als auf der Westseite. Der Berg bildete daher eine Trennwand zwischen der heißen Luft des Tals und der kalten Luft der Schluchten auf der Ostseite. Als die Öffnung gemacht wurde, strömte die kalte und daher dichtere Luft in die durch Hitze verdünnte Luft, und es entstand ein lauter Knall, in derselben Weise, als würde eine Blase, die über einem erschöpften Luftpumpenbehälter angebracht ist, platzen.

Baron Humboldt teilt uns mit glaubhafter Autorität mit, dass an den Ufern des Orenoko unterirdische Klänge zu hören seien, die den Klängen einer Orgel ähneln. Er nimmt an, dass sie aus einem Temperaturunterschied zwischen der äußeren Atmosphäre und der Luft in den Spalten der angrenzenden Granitfelsen entstehen. Er kommt zu dem Schluss, dass die Temperatur der eingeschlossenen Luft im Laufe des Tages durch die Wärmeleitung durch die Felsen stark ansteigt; und da der Temperaturunterschied zwischen ihm und der Atmosphäre bei Sonnenaufgang sein Maximum erreicht, werden die Geräusche durch die austretende Strömung erzeugt.

Das folgende anschauliche Experiment ist nicht wenig merkwürdig: Wenn man eine Röhre aus einer elastischen und klangvollen Substanz nimmt und einen Strahl entzündeten Wasserstoffs einführt, wird ein musikalischer Ton zu hören sein. Dies geschieht in einem an einem Ende geschlossenen Rohr, wenn es groß genug ist, um eine ausreichende Menge atmosphärischer Luft einzulassen, um die Verbrennung des Gases zu unterstützen; aber wenn die Röhre an beiden Enden offen ist , wird der Musikklang klar und voll sein. In Bezug auf dieses Phänomen wurden verschiedene Schlussfolgerungen gezogen; Sie wurden jedoch durch die Experimente von Herrn Faraday außer Kraft gesetzt, der die von Flammen in Röhren erzeugten Geräusche auf eine kontinuierliche Reihe von Detonationen oder Explosionen zurückführt.

Der erste Philosoph, der die Längsschwingung von Festkörpern aufzeigte, war Dr. Chladni. Ihm zufolge besteht die beste Methode, diese Schwingungen in Stäben zu erzeugen, darin, sie in Längsrichtung mit einer weichen, mit Harzpulver bedeckten Substanz oder mit dem Finger zu reiben. Wenn Glasröhren verwendet werden, sollten diese mit einem mit feinem Sand bestreuten Lappen abgerieben werden, wobei die Röhre an einem Ende festgehalten wird.

„Bei allen Längsschwingungen", sagt derselbe Autor, „hängen die Töne lediglich von der Länge des Klangkörpers und von der Qualität der Substanz ab, wobei Dicke und Form keine Rolle spielen; Dennoch werden die Töne nicht durch das spezifische Gewicht der vibrierenden Substanz variiert; denn Tannenholz, Glas und Eisen geben fast den gleichen Ton wie Messing, Eiche und die Schenkel von Tabakpfeifen." Er erwähnt auch verschiedene Arten von Längsschwingungen; in einem, um seine eigenen Worte zu verwenden: „Es gibt einen bestimmten Punkt in der Mitte, an dem die Schwingung jeder Hälfte aufhört; im nächsten sind es zwei, jeweils im Abstand eines Viertels vom Ende; und im Folgenden sind es drei oder mehr. Die Töne entsprechen der natürlichen Reihe der Zahlen 1, 2, 3, 4 usw. Wenn ein Stab an einem Ende befestigt wird, kommt es bei der ersten Art der Längsschwingung zu einer abwechselnden Ausdehnung und Kontraktion des gesamten Stabes so, dass sie am festen Ende anhalten; im nächsten Ton gibt es einen Ruhepunkt im Abstand von einem Drittel vom freien Ende; und im Folgenden sind es zwei. Die Töne entsprechen den Zahlen 1, 3, 5, 7, und der erste dieser Töne ist eine Oktave tiefer als der erste Ton desselben Stabes, wenn er vollkommen frei ist."

Bei der Untersuchung der Natur klangvoller Körper stellte sich Dr. Chladni die Möglichkeit vor, musikalische Klänge durch Längsreiben von Glasröhren zu erzeugen. Es wurde jedoch eine schwierige Frage, wie ein Instrument dieser Art konstruiert werden sollte. Nach vielem und langem erfolglosen Nachdenken kehrte er eines Abends erschöpft vom Gehen nach Hause zurück und hatte kaum die Augen geschlossen, um in seinem Sessel einzuschlafen, als ihm die Lösung einfiel, nach der er so lange gesucht hatte. Bald darauf stellte er ein Instrument fertig, das in jeder Hinsicht seinen Erwartungen entsprach.

Das Euphon , ein Instrument mit angenehmem Klang, besteht aus einundvierzig festen und parallelen Glaszylindern gleicher Länge und Dicke. In seinem äußeren Erscheinungsbild ähnelt es einem kleinen Schreibtisch, der, wenn man ihn öffnet, eine Reihe von Glasröhren von etwa 16 Zoll Länge und der Dicke einer Feder präsentiert. Sie sind in einem senkrechten Resonanzboden auf der Rückseite des Instruments befestigt. Beim Gebrauch werden die Röhrchen mit einem Schwamm angefeuchtet und mit nassen Fingern in Längsrichtung gestrichen; Die Intensität des Tons wird durch mehr oder weniger Druck variiert.

Das einzigartige Klangphänomen, das durch die durch einen galvanischen Strom erzeugte Schwingung von Weicheisen hervorgerufen wird, wurde kürzlich von Herrn Sage entdeckt und seitdem durch die Beobachtungen eines französischen Philosophen, M. Marian, bestätigt. Die Experimente wurden an einer Eisenstange durchgeführt, die in der Mitte in horizontaler Position befestigt war, wobei jede Hälfte in einer großen Glasröhre eingeschlossen war. Durch entsprechende Vorkehrungen wurde der galvanische Kreis geschlossen; und der Längsklang konnte unterschieden werden, obwohl er schwach war. Der Ursprung des Geräusches wurde daher auf eine Vibration im Inneren der Eisenstange zurückgeführt; und auf dieselbe Ursache sind wahrscheinlich viele Phänomene zurückzuführen.

Wir gehen nun zur heftigen Bewegung der Luft über, die oft zu überraschenden Ergebnissen führt. Eines Tages wurde beispielsweise eine Menge Federn über den Marktplatz von Yarmouth verstreut, zum großen Erstaunen einer großen Zahl dort versammelter Personen. Aber was war die

Ursache? Die Schüchternen glaubten, dass das Phänomen ein großes Unglück vorhersagte; der Neugierige erging sich in tausend Vermutungen; und die Neugierigen in der Naturgeschichte erklärten es klugerweise mit einem Sturm im Norden, der Wildvogelfedern von der Insel St. Paul's wehte! Doch keiner von ihnen hatte Recht. Keine Vermutung würde die Ursache erklären, und doch entstand sie aus dem Streich eines ausgelassenen Jungen. Astley, später bekannt als Sir Astley Cooper, hatte zwei Kissen seiner Mutter auf die Spitze der Kirche gebracht, und als er so weit wie möglich den Kirchturm hinaufgeklettert war, riss er sie auf und verstreute ihren Inhalt in den Wind .

Das *Philosophical Magazine* enthält einen Bericht über ein einzigartiges Schneephänomen, das sich auf den Orkney-Inseln ereignete. Der Artikel wurde von Herrn Clouston aus Stromness beigesteuert . „Eines Nachts fiel heftiger Schnee, der die Ebene bis zu einer Tiefe von mehreren Zentimetern bedeckte. „Auf diesem reinen Teppich", sagt der Schriftsteller, „ruhten am nächsten Morgen Tausende großer Schneemassen, die einen seltsamen Kontrast zu seiner glatten Oberfläche bildeten." Diese traten im Allgemeinen in Flecken mit einer Ausdehnung von einem Acre bis zu hundert Acres auf, während Cluster oft einen Abstand von einer halben Meile voneinander hatten. Die so bedeckten Felder sahen aus, als wären sie mit Karrenladungen Mist übersät und dieser mit Schnee bedeckt; Bei der Untersuchung stellte sich jedoch heraus, dass die Massen alle zylindrisch waren, wie hohle, geriffelte Walzen oder Damen-Schwanenmuffs, und eine starke Ähnlichkeit mit Letzteren aufwiesen. Der größte war 3½ Fuß lang und hatte einen Umfang von 7 Fuß. Die Zentren waren fast, aber nicht ganz hohl; und indem man den Kopf bei strahlendem Sonnenschein hineinlegte, wurde die konzentrische Struktur des Zylinders deutlich. Sie kamen in keiner der angrenzenden Gemeinden vor und waren auf einen Raum von etwa fünf Meilen beschränkt. Die erste Idee hinsichtlich der Herkunft dieser Körper war, dass sie aus den Wolken gefallen waren und ein schreckliches Unglück ankündigten. Aber wenn sie aus der Atmosphäre gefallen wären, müssten ihre Symmetrie und lockere Struktur zerstört worden sein. Nachdem der Autor sie untersucht hatte, kam er bald zu der Überzeugung, dass sie durch den Wind entstanden waren, der den Schnee aufwirbelte, so wie Jungen Schneebälle formen. Ihre runde Form, ihre konzentrische Struktur, ihre geriffelte Oberfläche und ihre Lage in Bezug auf die Wetterseite der Anhöhen bewiesen dies; und das war auch daran zu erkennen, dass sie in Längsrichtung und mit den Seiten zum Wind lagen; und manchmal waren ihre Spuren zwanzig oder dreißig Meter weit in Luvrichtung im Schnee sichtbar, woher sie offensichtlich ihre konzentrischen Schichten gesammelt hatten."

Ein Korrespondent des *Athenæum* erwähnt in einem Brief vom 3. Januar 1847 in Neapel ein weiteres sehr auffälliges Phänomen. Er stand auf einer

Klippe mit Blick auf das Mittelmeer, begleitet von einem italienischen Freund. Die Luft war vollkommen ruhig, und doch fühlte er sich in einem Moment sozusagen von einer unsichtbaren und unwiderstehlichen Macht ergriffen und umschlossen, und trotz seiner Kämpfe fühlte er sich, als würde er mit Ballongeschwindigkeit durch die Luft segeln. Nach ein paar Augenblicken seiner Flugreise wurde er auf halber Höhe der Klippe in die Mitte eines leeren Kalkofens geworfen, nicht weit vom Meer entfernt. Er war auch nicht allein; es gab einen weiteren schweren Sturz; denn sein Freund stand ihm gegenüber. Als sie von einer an allen Punkten gleichen Kraft umzingelt waren, fielen sie, obwohl der Stoß heftig war, auf ihre Füße, sanken aber direkt auf den Boden und saßen dort und starrten einander an, unfähig, sich zu bewegen oder zu sprechen. Glücklicherweise wurden keine Knochen gebrochen; Die erlittenen inneren Verletzungen waren jedoch so schwerwiegend, dass sie für einige Zeit an ihre Betten gefesselt waren, und sie gehen davon aus, dass die inneren Auswirkungen ihrer unfreiwilligen und gefährlichen Reise noch für längere Zeit anhalten werden.

Da die Bevölkerung an den Küsten des Mittelmeers äußerst unwissend und abergläubisch ist, ist es nicht verwunderlich, dass die Menschen in der Nachbarschaft sagten, dass die Shal'ombre , die bösen Geister, im Kalkofen die Reisenden angelockt haben müssen ; und führten ihre Befreiung auf die Fürsprache der Seelen im Fegefeuer für ihre wohltätigen Taten zurück!

Um Katastrophen zu vermeiden, die die Seefahrer von Neapel im Allgemeinen auf dämonischen Einfluss zurückführen, greifen sie auf die Praxis der Hexerei zurück. Nur wenige Barken wagen sich zum Korallenfischen oder zum Küstenhandel, ohne einen Zauberer an Bord zu haben. Personen dieser Klasse jedoch, die die auf See erforderliche Kunst ausüben oder sie sogar anderen offenbaren, können von einem gewöhnlichen Beichtvater keine Absolution erhalten. Es wird unter der Überschrift „ Malaficia " verstanden, einer der vorbehaltenen Sünden, die in der gedruckten Liste der Anweisungen zu finden ist, die jedem Beichtstuhl in Italien beigefügt ist.

Und doch, wenn Hexerei überhaupt vorhanden wäre, könnte sie nicht im Zusammenhang mit der natürlichen Wirkung stehen, die die Seeleute „ trombe di mare" nennen. Tatsächlich litten die Reisenden unter einem starken Wind, der mit dem Phänomen eines Wasserspeiers verbunden war, das meist auf See, manchmal aber auch an Land zu beobachten war. Sein gewöhnliches Aussehen ist das einer dichten Wolke, ähnlich einer kegelförmigen Säule, die aus kondensiertem Dampf zu bestehen scheint und mit der Spitze nach unten sinkt. Über dem Meer gibt es im Allgemeinen zwei Kegel, von denen einer aus der Wolke und der andere aus dem Wasser darunter hervorragt. Manchmal vereinigen sie sich und dann wird ein Blitz beobachtet; bei anderen Gelegenheiten zerstreuen sie sich, bevor es zu einer Kreuzung kommt. Der

Effekt scheint zumindest teilweise elektrisch zu sein; Da sich die Zapfen in entgegengesetzten Zuständen befinden, kommt es zu positiver und negativer Anziehung. und wenn die Vereinigung stattfindet, was durch den Blitz angezeigt wird, werden die Körper wieder ins Gleichgewicht gebracht.

Die Zauberer an der Küste praktizieren das, was sie die Kunst des „Schneidens" der „ Trombe " nennen . Sobald man sieht, dass sich ein Boot in Richtung nähert, geht der Zauberer vorwärts und schickt die gesamte Mannschaft nach achtern, damit sie nicht Augenzeugen dessen werden, was er tut. und indem er bestimmte Zeichen oder Worte benutzt und mit seinen Armen eine Bewegung ausführt, als ob er beim Schneiden wäre, zerfällt der Feind in zwei Teile und verschwindet.

Wir werden durch diese Umstände an „die Nachrichten aus dem Land" erinnert, die der *Spectator* als von Sir Roger de Coverley überbracht beschreibt. Ein Teil davon war, dass Moll White tot war, und zwar etwa einen Monat nach dem Einsturz einer der Scheunen des Baronets, was zu der klugen Bemerkung führte: „Ich glaube nicht, dass die alte Frau etwas damit zu tun hatte." Wir glauben auch nicht, dass der Zauberer des Mittelmeers irgendetwas damit zu tun hat, „den Wind abzuschneiden". Die Wahrscheinlichkeit ist groß, dass er die Zeit für seine Bewegungen nutzt, von denen er aus Erfahrung weiß, dass sie der Auflösung der Wolke vorausgehen, und dass er sich so einen Kredit erwirbt, auf den er nicht den geringsten Anspruch hat.

Dieses Kapitel kann passenderweise mit einem Hinweis auf die Wasser der Erde abgeschlossen werden, denen oft eine übernatürliche Kraft zugeschrieben wird. Der Ilissus , der auf dem Berg Hymettus östlich von Athen entspringt und über seine Ufer fließt, versorgt das Kloster Sergiani mit ausgezeichnetem Wasser . Auf der einen Seite befinden sich drei kleine Höhlen im Felsen mit doppelten Eingängen. anscheinend ein Werk der Natur, aber wahrscheinlich mit Hilfe der Kunst. Wie in früheren Zeiten wird ihnen noch immer eine mystische Kraft zugeschrieben; und „kein Heilmittel", sagt Dodwell, gilt für ein krankes Kind als so wirksam, wie „es zwei- oder dreimal von einer Höhle zur anderen zu schleppen; wodurch es entweder getötet oder geheilt wird. Auf beiden Seiten des Flusses sind im Felsen mehrere alte Brunnen zu sehen. In deren Nähe überquert das Fundament einer Mauer das Bett des Ilissus ."

Quellen, die in verschiedenen Teilen dieses und anderer Länder abwechselnd ab- und abfließen, standen und stehen in manchen Fällen immer noch unter dem Verbot der Hexerei. Und doch lassen sich die Phänomene leicht durch Naturgesetze erklären. Wenn das kürzere Ende eines gebogenen Rohrs A , dessen Zweige ungleich lang sind, in ein Wasserbecken gelegt wird und die Luft daraus angesaugt wird, haben wir einen Siphon, der das Wasser in jedes beliebige Gefäß umfüllen kann. Nun entstehen solche Röhren auf natürliche Weise in der Erde, und wenn das Wasser in einen Hohlraum B mit einem syphonartigen Kanal C ABGELASSEN WIRD , ist es offensichtlich, dass es so lange fließen wird, wie der Siphon wirken kann, und zwar so lange wird dann aufhören.

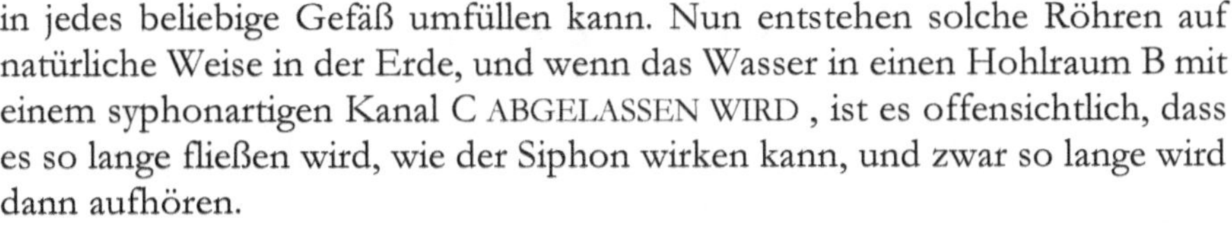

Seneca beschreibt eine Quelle in der Nähe von Tempe in Thessalien, deren Wasser für Tiere tödlich ist und Eisen und Kupfer durchdringt. Dennoch ist es wahrscheinlich, wie Dr. Thomson feststellt, dass „diese Quelle entweder freie Schwefelsäure oder ein stark saures Salz dieser Säure enthielt . " Diese Säure wurde in freiem Zustand sowie Salzsäure im Wasser des Rio Vindagre nachgewiesen , der vom Vulkan Paraiè in Kolumbien, Südamerika, entspringt. Schwefelsäure kommt auch in den Gewässern anderer Vulkanregionen vor. Die sauren Quellen von Byron im Genessee- Land, etwa sechzig Meilen südlich des Erie-Kanals, enthalten Schwefelsäure . Solche Wässer würden sowohl Eisen als auch Kupfer schnell korrodieren und ersteres in grünes, letzteres in blaues Vitriol umwandeln – Sulfate beider Metalle." E

Es wäre leicht, diese Beispiele im Zusammenhang mit den Phänomenen auf der Erde zu erweitern, aber die Gegenwart wird genügen, um zu zeigen, dass ein wenig naturwissenschaftliches Wissen ein Gegenmittel zu vielen Aberglauben ist. Wir gehen nun zu Darstellungen von Agenturen unterschiedlicher Art im aktiven Betrieb über.

KAPITEL V.

Chemische Wunder – In einem glühenden Gefäß gewonnenes Eis – Die Leichenkerzen von Wales – Leuchtende Erscheinungen nach dem Tod – Sadoomeh der Magier – Das Lachgas – Schwefelether – Chloroform – Schießpulver im Vergleich mit Schießbaumwolle.

DAS Wort Chemie leitet sich wahrscheinlich von einer koptischen Wurzel ab, die „unklar" oder „geheim" bedeutet; und das deutsche Wort *geheim* geht auf denselben Ursprung zurück. Die Ziele dieser Wissenschaftsabteilung bestehen darin, die Natur und Eigenschaften der Elemente der Materie sowie ihre gegenseitigen Wirkungen und Kombinationen zu untersuchen; die Proportionen zu ermitteln, in denen sie sich vereinen, und die Art und Weise, sie zu trennen, wenn sie vereint sind; und die Gesetze zu untersuchen, die diese Behörden beeinflussen und regieren. Einige der Wunder, die mit dieser Wissenschaft verbunden sind, könnten daher den gerade betrachteten irdischen Phänomenen angemessen folgen.

Zusammenhang mit einem ihrer Wunderkinder, dem sogenannten Blut des heiligen Januarius, zugänglich gemacht . Den verblendeten Gläubigen wird in einer Phiole eine Substanz gezeigt, die in erstarrtem Zustand erscheint; aber wenn die Messen von den Priestern gehalten werden, wird es fließend. Die in diesem Fall praktizierte Illusion kann jedoch leicht dadurch erreicht werden, dass Schwefeläther mit Orchanet , dem *Onosma* von Linné , gerötet und die Tinktur dann mit Walrat getränkt wird. Diese Zubereitung ist bei zehn Grad über dem Gefrierpunkt fest und schmilzt und siedet bei zwanzig Grad. Halten Sie das Fläschchen, das die geronnene Substanz enthält, einige Minuten lang in der Hand, so steigt die Temperatur der Substanz und sie wird flüssig. Selbst die Wärme einer öffentlichen Versammlung reicht hierfür aus.

Marcus, der Anführer einer der Sekten im zweiten Jahrhundert, der die Lehren und Regeln heidnischer Riten mit dem Christentum verschmelzen wollte, füllte drei Becher aus durchsichtigem Glas mit Weißwein; Und während er betete, wurde die Flüssigkeit in einem der Becher wie Blut; in einem anderen von violetter Farbe ; und im dritten himmelblau. Aber diese Effekte könnten leicht durch chemische Einwirkung hervorgerufen werden. Professor Beyruss versprach am Hofe des Herzogs von Braunschweig, dass sein weißes Kleid während einer Mahlzeit rot werden sollte; und die Veränderung vollzog sich zum Erstaunen des Prinzen und seiner Gäste. M. Vogel, der diese Tatsache berichtet, gibt keine Auskunft über die eingesetzten Mittel; Er stellt jedoch fest, dass durch Aufgießen von Kalkwasser auf den Saft von Rübenwurzeln eine farblose Flüssigkeit entsteht, und dass ein darin getauchtes und schnell getrocknetes Stück Stoff allein durch den Kontakt mit der Luft in wenigen Stunden rot wird; und dass dieser Effekt in einem Raum beschleunigt werden kann, in dem reichlich Champagner und andere mit Kohlensäuregas angereicherte Getränke konsumiert werden. Noch schneller könnte die Chance in irgendeinem Tempel inmitten aufsteigenden Weihrauchs und brennenden Fackeln eintreten ; und der Schleier, der die als heilig geltenden Dinge bedeckte, hätte sich auf diese Weise von Weiß in die Farbe von Blut verwandeln können – ein Vorbote schrecklicher Katastrophen.

Eine Reihe bemerkenswerter Experimente wurde 1845 von Professor Boutigny an der British Association in Cambridge durchgeführt. Er begann mit dem Nachweis, dass, wenn kaltes Wasser auf eine heiße Metalloberfläche gegossen wird, die Wärme nicht auf diese übertragen wird; und dass das Wasser eine kugelförmige Form annimmt und weiterhin herumrollt, ohne zu kochen, wobei es in einer winzigen Entfernung von der erhitzten Oberfläche gehalten wird. Das Wasser wurde in einen heißen Platinbecher gegossen, der in schneller Bewegung gehalten wurde, und ähnelte einer kleinen herumtanzenden Glaskugel. Es gab weder ein zischendes Geräusch noch das Auftreten von Dampf, obwohl die Wasserkügelchen dennoch schnell verdunstet sein mussten; denn nachdem es allmählich an Größe verloren hatte, verschwand es im Laufe von etwa zwei Minuten. Das gleiche Ergebnis tritt auf, wenn eine Substanz, die eine Kugelform annehmen kann, auf eine erhitzte Oberfläche gebracht wird. Als Beweis dafür gab der Professor Platin, Jod, Ammoniak und einige brennbare Substanzen in den erhitzten Becher; Jedes davon wurde kugelförmig und tanzte umher wie eine Wasserkügelchen, aber ohne Geruch oder Dampf auszustoßen oder sich zu entzünden, bis der Platinbecher abgekühlt war.

Ein anderes Experiment war noch merkwürdiger. Professor Boutigny erhitzte ein silbernes Gewicht, das die gleiche Form hatte wie das Gewicht einer Uhr, bis es glühend heiß war, und ließ es dann an einem Draht in ein Glas mit kaltem Wasser sinken, ohne dass im Wasser weitere Anzeichen einer Wirkung zu erkennen waren als wenn das Gewicht ganz kalt gewesen wäre. Professor Boutigny stellte keine Theorie zur Erklärung dieser besonderen Vorgänge auf, außer dass sich zwischen dem erhitzten Körper und der Substanz ein Dampffilm bildet , der die Wärmeübertragung verhindert. Er war jedoch der Ansicht, dass die Fakten aus praktischer Sicht von Bedeutung seien, sowohl im Hinblick auf das Härten von Metallen als auch für die Erklärung der Ursachen von Dampfkesselexplosionen. Aus Experimenten zum Härten von Metallen geht hervor, dass die Wirkung des Eintauchens in Wasser verringert wird, wenn das Metall zu stark erhitzt wird. Auch bei Dampfkesseln kann es, wenn das erhitzte Wasser in eine erhitzte Oberfläche eingeleitet wird, dazu kommen, dass die Wärme nicht an das Wasser übertragen wird und der Kessel glühend heiß werden kann, ohne dass es zu einer großen Dampfemission kommt; Bis schließlich, wenn der Kessel abkühlte, plötzlich eine große Menge Dampf erzeugt wurde und der Kessel platzte.

Das letzte und merkwürdigste Experiment von Professor Boutigny war das Gefrieren von Wasser in einem glühenden Gefäß. Nachdem er einen Platinbecher glühend heiß erhitzt hatte, goss er eine kleine Menge Wasser hinein, das wie bei den anderen Experimenten in kugelförmiger Form gehalten wurde. Dann goss er etwas flüssige schweflige Säure in den Becher ; Als es zu einer plötzlichen Verdunstung kam und beim schnellen Umdrehen des Bechers eine kleine Eismasse herauskam. Das Prinzip dieses Experiments, das lauten und anhaltenden Beifall hervorrief, ist folgendes: – Schwefelige Säure hat die Eigenschaft, Wasser zum Sieden zu bringen, wenn es eine Temperatur unter dem Gefrierpunkt hat; und wenn es in das erhitzte Gefäß gegossen wird, erzeugt die plötzliche Verdunstung einen ausreichenden Kältegrad, um das Wasser zu gefrieren.

Flüssige Kohlensäure nimmt aufgrund ihrer Gefriereigenschaften einen hohen Stellenwert ein. Herr Adams aus Kensington stellt diese seltsame Flüssigkeit als Handelsartikel her und hat gelegentlich bis zu neun Gallonen davon auf Lager. Bei der Entnahme aus seinen mächtigen Reservoirs verdunstet es so schnell, dass es gefriert, und ist dann eine leichte, poröse Masse, wie Schnee. Wenn eine kleine Menge davon mit Äther getränkt wird, ist die erzeugte Kälte bei Berührung noch unerträglicher als bei kochendem Wasser; Ein oder zwei Tropfen der Mischung erzeugen Blasen, als ob die Haut verbrannt wäre! Herr Adams gibt an, dass er in acht Minuten eine Masse Quecksilber mit einem Gewicht von zehn Pfund eingefroren hat.

Auf einem Wissensgebiet – dem der Dämpfe und Gase –, auf das die Chemie so viel Licht wirft, entdecken wir viele bemerkenswerte Phänomene. Nur wenige Menschen haben zum Beispiel in den Moor- und Sumpfgebieten unserer Insel gelebt, ohne zumindest gelegentlich das Irrlicht oder die Kürbislaterne zu sehen, die ein paar Meter weit schwebte über der Oberfläche von stehendem Wasser.

„Wilde Feuer tanzen über der Heide"

Man kann sie zwar zu fast allen Zeiten des Jahres beobachten, aber hauptsächlich im Herbst und besonders im November huschen sie in labyrinthischen Kreisen und unregelmäßigen Entwicklungen umher; manchmal am Rande eines Morasts, über den Wipfeln verdorrter Seggen, Schilf und Reisig; und manchmal über Paläste und Hecken oder über die stille Oberfläche des schlammigen Moores.

Einige argumentieren, dass es sich dabei um Effekte leuchtender Insekten wie dem Glühwürmchen, der Mücke und der Maulwurfsgrille handelt. Aber diese Theorie ist sehr unbefriedigend, und die Ursache, die heute allgemein als die wahre anerkannt wird, ist weitaus natürlicher. Es gibt eine Substanz, die leicht erhältlich ist, aber einen sehr unangenehmen Geruch hat und Phosphoret von Kalk genannt wird ; und wenn man ein Stück davon nimmt und in ein Wasserbecken wirft, werden auf seiner Oberfläche kleine Flammen zu sehen sein. Diese entstehen durch die Fähigkeit der Substanz, Wasser zu zersetzen, wodurch der Wasserstoff an die Oberfläche steigt und sich bei Kontakt mit der Luft entzündet.

Dr. Weissenborn hat die folgenden interessanten Aussagen gemacht: „Im Jahr 1818 hatte ich das Glück, einen schönen Blick auf die Ignes Fatui zu werfen, die in großem Umfang wirkten. Ich war damals in Schnepfenthal , im Herzogtum Gotha; und in einer klaren Novembernacht, zwischen elf und zwölf Uhr, als ich mich gerade ausgezogen hatte, lockte mich der helle Mondschein ans Fenster, um die Weite der sumpfigen Wiesen zu überblicken, die sich über eine Länge von zwei oder drei englischen Meilen, einem Viertel, erstreckten -eine Meile vom Fuße des Hügels entfernt, auf dem das Haus steht, in dem ich damals war. Durch das erste Drittel der Wiesen verlief ein gewundener Bach von sieben bis acht Fuß Breite, der dann in ein künstliches Bett übergeht, während das alte Bett sich in Richtung der Wiesen fortsetzt, die auf einer Seite begrenzt sind eine Reihe von Reisiggebieten und auf der anderen Seite kultiviertes Gelände mit hier und da sumpfigen Tälern. Meine genaue Kenntnis der Gegend und der helle Mondschein ermöglichten es mir, jeden Gegenstand rund um den Wiesenboden hinreichend zu entdecken, um die Position und Richtung der leuchtenden Phänomene zu beurteilen, deren Erscheinung ich sofort sah habe mich am Fenster postiert. Ich bemerkte eine Reihe rötlich-gelber Flammen an verschiedenen Stellen der fast ebenen Fläche. Ich bemerkte vielleicht nicht mehr als sechs auf einmal, aber sie verschwanden und tauchten an anderen Orten so schnell auf, dass es unmöglich war, sie zu zählen; aber ich würde sagen, grob gerechnet waren es etwa zwanzig oder fünfundzwanzig innerhalb einer Sekunde. Einige waren klein und brannten schwach; andere blitzten mit einer hellen Flamme in einer Richtung auf, die fast parallel zum Boden war und mit der des Windes übereinstimmte, der ziemlich lebhaft war. Nachdem ich die strahlende Szene eine Zeit lang mit Erstaunen als Ganzes betrachtet hatte, versuchte ich, ihre Einzelheiten zu studieren, und fand bald heraus, dass die Flammen, die am nächsten waren, aus einem Sumpf stammten, dessen Position ich genau kannte, und zwar in einer einzelnen Gruppe aus Weiden; und ich konnte eine Folge von Blitzen von dieser Stelle bis zu einem bestimmten Punkt am Waldrand über den Bach und die Wiese hinweg verfolgen. Der Abstand der beiden Punkte voneinander betrug mehr als eine halbe Meile, und die Flammen breiteten sich möglicherweise in weniger als einer Sekunde darüber aus. Der erste Blitz wurde nicht immer in unmittelbarer Nähe des Sumpfes beobachtet; aber die Flammenfolge lag immer in derselben geraden Linie und in der Richtung des Windes; während andere Gruppen, wenn auch nicht mit derselben Deutlichkeit, in den weiter entfernten Teilen des Wiesenbodens beobachtet wurden.

„Nach etwa einer Stunde begann sich eine Nebelbank über die Wiesen zu legen, aber ich sah das Licht immer noch durch sie schimmern, während ich mich anzog, um das Phänomen in seinem Laboratorium zu untersuchen. Als ich jedoch die Wiesen erreichte, waren die atmosphärischen Bedingungen, die zur Entstehung der Ignes Fatui geführt hatten, nicht mehr vorhanden." Weissenborn bringt dann seine Überzeugung zum Ausdruck, dass das von bestimmten Sümpfen ausgeatmete Phosphorwasserstoffgas durch den Kontakt mit der atmosphärischen Luft in Flammen aufgeht; Da aber der Wasserstoff nicht mit Phosphor gesättigt ist (der größere Teil des letzteren fällt beim Durchgang durch das Wasser als rotes Phosphoroxyd aus), ist ein gewisser elektrischer Zustand der Atmosphäre notwendig, um die Verbrennung herbeizuführen. Daher entwickelt sich das Gas unter normalen Umständen unbemerkt und zerstreut sich. aber wenn der Zustand der Atmosphäre geeignet ist, ihre Verbrennung zu bewirken, geht an der Stelle, wo die Explosion erfolgt, das richtige Maß an elektrischer Spannung verloren; und bis es wiederhergestellt ist oder das Gas mit der Schicht der Atmosphäre in Kontakt kommt, die über das erforderliche Maß an elektrischer Spannung verfügt, kann sich eine beträchtliche Menge Sumpfgas ansammeln und in die Richtung des Windes getragen werden, so dass eine Art schnelles Feuer mit gelegentlichen Blitzen hervorrufen; an den Stellen des Gasstroms, an denen zufällig eine beträchtliche Menge davon vorhanden ist. Die Lichter, die in Wales immer noch häufig Befürchtungen hervorrufen und im Volksmund „Leichenkerzen" genannt werden, haben denselben Ursprung wie die „ ignes fatui".

Im Dorf Wigmore in Herefordshire gibt es Felder, die möglicherweise mit Erdgas beleuchtet werden, und zwei Häuser, die tatsächlich mit Erdgas beleuchtet werden. Dieser Dampf , mit dem die darunter liegenden Schichten aufgeladen zu sein scheinen, wird auf folgende Weise gewonnen: – Im Keller des Hauses oder an einem anderen Ort wird mit einem Eisenstab ein Loch gemacht; Dann wird ein hohles Rohr hineingelegt, das mit einem Brenner ähnlich dem für gewöhnliche Gaslampen verwendeten ausgestattet ist, und sobald man eine Flamme auf den Strahl legt, erhält man ein weiches und strahlendes Licht, das nach Belieben weiter brennen kann. Das Gas ist sehr rein, völlig frei von jeglichem unangenehmen Geruch und hinterlässt keine Flecken auf den Decken, wie es im Allgemeinen bei dem hergestellten Produkt der Fall ist. Neben der Beleuchtung von Räumen usw. wurde es zum Kochen verwendet; und scheint tatsächlich für die gleichen Anwendungen geeignet zu sein wie vorbereiteter Vergaserwasserstoff . Es gibt mehrere Bereiche, in denen das Phänomen auftritt, und man sieht Kinder, wie sie zum Vergnügen Löcher bohren und das Gas in Brand setzen. Seit der Entdeckung sind nun mehrere Monate vergangen; und viele Neugierige haben den Ort besucht und besuchen ihn immer noch.

Auch wenn die Chinesen keine Produzenten sind, so sind sie dennoch in großem Umfang Gasverbraucher und Arbeitgeber; Und das war offensichtlich schon lange der Fall, bevor die Europäer das Wissen über seine Anwendung erlangten. Kohlenbetten werden häufig von Salzwasserbohrern durchbohrt; und das brennbare Gas wird in sechs bis dreißig Fuß hohen Strahlen in die Höhe getrieben. Von diesen Brunnen wurde der Dampf in Rohren zu den Salinen geleitet und dort zum Sieden und Verdampfen des Salzes verwendet; Andere Röhren transportieren das Gas, das für die Beleuchtung der Straßen sowie der größeren Wohnungen und Küchen bestimmt ist. Da immer noch mehr Gas vorhanden ist als benötigt wird, wird der Überschuss über die Grenzen der Saline hinaus geleitet und bildet separate Schornsteine oder Flammensäulen.

Ein einzigartiges Gegenstück zu dieser Nutzung von Erdgas ist im Tal des Kanawha in Virginia zu beobachten. Der Ursprung, die Art der Versorgung, die Anwendung auf alle Prozesse der Salzherstellung und die Verwendung des Überschusses für Beleuchtungszwecke sind an so weit entfernten Orten wie China und den Vereinigten Staaten bemerkenswert ähnlich.

Es wurde manchmal von einer verstorbenen Person berichtet, dass eine leuchtende Erscheinung beobachtet wurde, die auf einer Leiche ruhte und sie gelegentlich umgab. Eine solche Wirkung wurde als übernatürlich beschrieben – ein göttliches Zeugnis außergewöhnlicher Exzellenz; und zweifellos haben die Katholiken diese Umstände in Bezug auf diejenigen ausgenutzt, die sie als Heilige bezeichnet haben und denen in ihrem Kalender ein Platz zugewiesen wurde. Und doch gab es in keinem solchen Fall eine Abweichung von den gewöhnlichen Naturgesetzen. Sir H. Marsh stellt in einem Aufsatz über „Die Evolution des Lichts vom menschlichen Subjekt" fest, dass elektrische Funken bekanntermaßen von der Haut einiger Personen ausgehen, wenn sie leicht und schnell mit einem Leinentuch gerieben werden. Dieser Arzt hat nicht nur von solchen Fällen gehört, sondern es waren sogar zwei Fälle, die er beobachtet hatte.

Die folgende ihm gegenüber gemachte Aussage veranlasste ihn, über das Thema nachzudenken. „Ungefähr anderthalb Stunden vor dem Tod meiner Schwester fielen uns Erscheinungen auf, die von ihrem Kopf ausgingen und zwar in einer diagonalen Richtung. Sie befand sich zu diesem Zeitpunkt in einer halb liegenden Position und war völlig ruhig. Das Licht war blass wie der Mond, aber für Mama, mich und meine Schwestern, die zu dieser Zeit auf sie aufpassten, deutlich zu erkennen. Einer von uns dachte zunächst, es sei ein Blitz; bis wir kurz darauf das Gefühl hatten, eine Art zitterndes Schimmern um das Kopfende des Bettes spielen zu sehen; und als wir uns dann daran erinnerten, dass wir etwas Ähnliches gelesen hatten, das vor der Auflösung beobachtet worden war, ließen wir Kerzen in den Raum bringen, aus Angst, unsere liebe Schwester würde es bemerken und es könnte die Ruhe ihrer letzten Augenblicke stören . "

Überliefert ist ein ähnlicher Auftritt um die Person herum und im Raum eines Mannes, der in einem abgelegenen Bezirk im Südwesten Irlands einer anhaltenden Krankheit zum Opfer fiel. Alle Zeugen stimmen darin überein, das Licht gesehen zu haben; Viele kamen jedoch zu dem Schluss, dass es durch übernatürliche Kräfte verursacht wurde und ein Beweis für ein wundersames Eingreifen und sogar ein Beweis für die Gunst Gottes war . Für große Aufregung sorgte im Süden Irlands der folgende Fall, über *den* Dr. 1828, um Harrington zu sehen. Er war in der Obhut meines Vorgängers gewesen und in der Apotheke als schwindsüchtiger Patient eingetragen ; und wenn ich auf mein Notizbuch schaue, finde ich, dass die stethoskopischen und anderen Anzeichen einer Schwindsucht unzweifelhaft waren. Er war etwa fünf Jahre lang in meiner Obhut; Während dieser Zeit blieben die Symptome seltsamerweise unverändert; und ich hatte meinen Besuch etwa zwei Jahre lang unterbrochen, als sich die Meldung verbreitete, dass jede Nacht in seiner Kabine geheimnisvolle Lichter gesehen wurden. Das Thema erregte große Aufmerksamkeit; und nahm, wie alles andere in Irland, sofort einen sektiererischen Anstrich an; einige führen das Licht auf das wundersame Eingreifen des Himmels zurück; andere, zur Ausübung der schwarzen Kunst. Da ich diese Ansichten nicht für eine Erklärung des Geheimnisses hielt, beschloss ich, die Angelegenheit der Prüfung meiner eigenen Sinne zu unterziehen; und besuchte zu diesem Zweck die Hütte vierzehn Nächte lang; und nur in drei Nächten wurde ich Zeuge von etwas Ungewöhnlichem. Einmal nahm ich einen leuchtenden Nebel wahr, der der Aurora Borealis ähnelte, und zweimal sah ich das Funkeln, ähnlich der funkelnden Phosphoreszenz, die manchmal die Meeresinfusorien zeigen. Aufgrund der genauen Prüfung, die ich durchgeführt habe, kann ich mit Sicherheit sagen, dass weder eine Zwangsmaßnahme angewendet noch versucht wurde. Wie sind diese Erscheinungen zu erklären? Bei der Beantwortung dieser Frage möchte ich anmerken, dass sie nur in Fällen ausgedehnter Erkrankung und wenn beträchtliche Veränderungen der Struktur stattgefunden haben, auftreten. Prozesse, die der Zersetzung ähneln, werden im menschlichen Subjekt beobachtet, während das lebendige Prinzip bestehen bleibt."

Zu diesen und ähnlichen Tatsachen bemerkt Dr. Marsh: „Krankheit ist nur ein Schritt zur Auflösung, bei dem die Lebenskräfte beeinträchtigt sind;

und wenn die Krankheit nicht mit geeigneten Mitteln bekämpft wird, wird schnell eine Zeit herannahen, in der die chemische Wirkung den gesamten Körper vollständig überwältigt. Phosphoreszierende Stoffe können in organischen Körpern in einer Phase beginnender Zersetzung entstehen; und wenn wir bedenken, dass phosphurierter Wasserstoff eine spontane Verbrennung erfährt, wenn er mit dem Sauerstoff der Atmosphäre in Berührung kommt, und dass die Bestandteile, aus denen dieses Gas gebildet wird, im Körper in großer Menge vorhanden sind, liegt eine einfache Lösung vor die leuchtenden Erscheinungen, die in Sezierräumen, in Gräberfeldern und in Meeressubstanzen beobachtet wurden, sowie bei der Annäherung an die Auflösung."

Die Araber sind als Wundergläubige bekannt; und von einem ihrer Zauberer namens Sadoomeh wird die folgende Geschichte erzählt. „Um einem seiner Freunde eine Freude zu bereiten, führte er ihn etwa eine halbe Stunde zu Fuß in die Wüste nördlich von Kairo, wo sie sich beide auf der kiesigen und sandigen Ebene niederließen; Und nachdem der Zauberer einen Zauber gesprochen hatte, befanden sie sich plötzlich inmitten eines Gartens, der einem der Gärten des Paradieses glich, voller Blumen und Obstbäume aller Art, die aus einem Boden sprossen, der mit Grün bedeckt war, das so glänzte wie der Smaragd und von zahlreichen Bächen mit reinstem Wasser bewässert. Eine Mahlzeit aus den köstlichsten Speisen und Früchten wurde ihnen von unsichtbaren Händen serviert; und beide aßen und tranken bis zur Sättigung und tranken reichlich von den verschiedenen Weinen. Schließlich sank der Gast des Zauberers in einen tiefen Schlaf, und als er erwachte, fand er sich wieder in der kiesigen und sandigen Ebene wieder, mit Sadoomeh immer noch an seiner Seite." „Der Leser wird diese Vision wahrscheinlich einer Dosis Opium oder einer ähnlichen Droge zuschreiben", sagt Mr. Lane, der die Geschichte erzählt; und ich nehme an, dass dies die eingesetzten Mittel waren; denn ich kann an der Integrität des Erzählers nicht zweifeln, obwohl er eine solche Erklärung nicht zulassen würde; das Ganze als eine Angelegenheit der Magie, des ‚Dschinn' oder der Genien betrachten."

Eine Geschichte von Gassendi , einem der angesehensten Naturforscher, Mathematiker und Philosophen Frankreichs im 16. Jahrhundert, wird diese Lösung in ein noch klareres Licht rücken. Als er einen Morgenspaziergang in der Nähe von Deigne in der Provence machte, drangen in seinen Ohren wiederholt Ausrufe wie „Ein Zauberer!" ein. ein Zauberer!" Als er sich umsah, erblickte er einen gemeinen und einfach aussehenden Mann mit gefesselten Händen, den eine Menge Landleute ins Gefängnis brachten. Gassendis Charakter und seine Gelehrsamkeit hatten ihm bei ihnen große Autorität verliehen, und er wünschte, mit dem Mann allein zu sein. Sie übergaben ihn sofort, und Gassendi sagte privat zu ihm: „Mein Freund, du musst mir aufrichtig sagen, ob du einen Pakt mit dem Teufel geschlossen hast oder nicht: Wenn du es gestehst, werde ich dir sofort deine Freiheit geben; aber wenn Sie sich weigern, es mir zu sagen, werde ich Sie sofort einem Richter übergeben." Der Mann antwortete: „Sir, ich gebe zu, dass ich jeden Tag zu einem Treffen der Zauberer gehe. Einer meiner Freunde hat mir ein Medikament gegeben, das ich nehme, um dies zu bewirken , und ich wurde diese drei Jahre lang als Zauberer aufgenommen." Dann beschrieb er den Ablauf dieser Treffen und sprach von den verschiedenen Teufeln, als ob er sie sein ganzes Leben lang gekannt hätte. „Zeigen Sie mir", sagte Gassendi , „die Droge, die Sie einnehmen, um an diesem höllischen Treffen teilzunehmen, denn ich habe vor, heute Abend mit Ihnen dorthin zu gehen." Der Mann antwortete: „Wie Sie möchten, Herr; Ich werde dich um Mitternacht abholen, sobald die Uhr zwölf schlägt." Daher traf er Gassendi zur verabredeten Stunde, zeigte ihm zwei Boli, jeder von der Größe einer Walnuss, und forderte ihn auf, einen zu schlucken, sobald Gassendi gesehen hatte, wie er den anderen schluckte, und dann legten sie sich zusammen darauf ein Ziegenleder. Der Mann schlief bald ein, aber Gassendi blieb wach und beobachtete ihn und bemerkte, dass er in seinem Schlaf sehr gestört war und sich krümmte und seinen Körper hin und her drehte, als ob er von bösen Träumen geplagt worden wäre. Nach fünf oder sechs Stunden wachte er auf und sagte zu Gassendi : „Ich bin sicher, Sir, Sie sollten mit der Art und Weise zufrieden sein, wie die große Ziege Sie empfangen hat; Er erwies dir eine große Ehre , als er dir erlaubte, seinen Schwanz zu küssen, als er dich zum ersten Mal sah." Es war also offensichtlich, dass das schädliche Opiat seine Fantasie beeinflusst hatte. Gassendi hatte Mitleid mit seiner Schwäche und Leichtgläubigkeit und bemühte sich, ihn von seiner Selbsttäuschung zu überzeugen. Er zeigte ihm den Bolus und gab ihn einem Hund, der bald einschlief und schwere Krämpfe erlitt. Dem armen Kerl wurde die Freiheit gegeben, seine Brüder zu betrügen, die wie er von der schädlichen Droge eingelullt worden waren und sich für Zauberer hielten.

In Indien gibt es eine einheimische Pflanze, die nach der Blüte getrocknet und auf den Basaren von Kalkutta zum Räuchern verkauft wird. Die Hindus nennen es „ Ganpah " und sie geben den großen Blättern und Kapseln, die sie für denselben Zweck verwenden, den Namen „Bang" oder „ Subjee ". Die Pflanze ist eine Hanfart; Laut Dr. Thomson gilt das Rauchen als so köstlich, dass es mit Beinamen wie „Beruhigungsmittel des Kummers", „Vergnügungssteigerer", „Freundschaftsstifter", „Gelächter" und anderen versehen wurde der gleichen Art.

Aus derselben Quelle heißt es, dass in Nepal nur Harz verwendet wird; An manchen Orten wird es von einheimischen Kulis gesammelt , die zu dem Zeitpunkt, an dem die Pflanzen das Harz abgeben, durch die Hanffelder laufen, das an der Schale haften bleibt, von ihr abgekratzt und zu Kugeln geknetet wird . Es wird in Dosen von einem Gran bis zu zwei Gran eingenommen und verursacht ein herrliches Delirium. Wenn es jedoch wiederholt wird, folgt Katalepsie oder jener Zustand der Bewusstlosigkeit, der es dem Körper ermöglicht, sich in jede beliebige Form zu formen, wie bei einer Puppe mit holländischen Gelenken, wobei die Gliedmaßen in der Position bleiben, in die sie gebracht wurden, obwohl dies gegen das Gesetz verstößt der Schwerkraft, und das über viele Stunden hinweg.

Wir sind mit verschiedenen Mitteln bestens vertraut, mit denen wir auf außergewöhnliche Weise auf den menschlichen Körper einwirken können. Wie viele andere war der Autor beispielsweise Zeuge der Wirkung von Lachgas, das oft als „Lachgas" bezeichnet wird. Allerdings wirkt es auf verschiedene Personen sehr unterschiedlich; Einige lachen maßlos, andere werden deprimiert, andere nehmen die Miene der Eitelkeit und Wichtigkeit an, die ihren am meisten geschätzten Neigungen entspricht; und einige können nur gewaltsam von Taten großer Gewalt abgehalten werden. Es ist sicherlich ein höchst seltsamer Anblick, zu sehen, wie eine Person, die am lautesten lacht oder mit dem ganzen Hochmut eines frischgebackenen Potentaten stolziert, plötzlich nachlässt, wenn die Wirkung des Gases aufhört, und sich in eine sehr unauffällige Person verwandelt.

Wir können nun kurz auf eine der außergewöhnlichsten Anwendungen der Gegenwart eingehen. Der verstorbene Sir Humphry Davy führte viele Experimente zu den Auswirkungen verschiedener Gase auf die menschliche Lunge durch. Er stellte selbst fest, dass das Einatmen von Lachgas die Kopfschmerzen linderte und die Schmerzen beim Schneiden eines Weisheitszahns erheblich linderte. In seinen von Dr. John Davy herausgegebenen Werken findet sich die folgende Passage:

„Da Lachgas bei ausgedehnten Eingriffen in der Lage zu sein scheint, körperliche Schmerzen zu beseitigen, kann es wahrscheinlich bei chirurgischen Eingriffen mit Vorteil eingesetzt werden, bei denen kein großer Bluterguss auftritt." Hier liegt der Keim der jüngsten Anwendung von Äther.

„Die Auswirkungen dieser Inhalation sind, wie aus der eigenen Erinnerung des Patienten hervorgeht", sagt ein Autor in der *North British Review* , „sehr unterschiedlich." Im Allgemeinen sind sie etwa wie folgt: – Ein angenehmes Gefühl der Beruhigung folgt auf die erste lästige Wirkung des scharfen Dampfes – eine Beruhigung von Geist und Körper. Es kommt zu Ohrensausen, verbunden mit einer gewissen Verwirrung des Sehens und der intellektuellen Wahrnehmung. Die Gliedmaßen werden kalt und kraftlos empfunden; zuerst die Hände und Füße, dann die Knie; und das Gefühl ist, als ob diese Teile aufgehört hätten, besonderes Eigentum zu sein und weggefallen wären. Dieses Gefühl kann sich allmählich über den gesamten Körper ausbreiten; der Patient wird in mehr als einer Hinsicht wirklich ätherisch; auf den Zustand reduziert, dass es keinen Körper und keine Seele mehr gibt. Die Objekte in der Umgebung werden entweder aus den Augen verloren oder sind auf seltsame Weise pervertiert; eingebildete Schatten huschen vor den Augen, und dann stellt sich ein Traum ein – manchmal ruhig und gelassen, manchmal aktiv und geschäftig, manchmal sehr angenehm, manchmal schrecklich, wie ein Albtraum. Beim Auftauchen verändern sich die Figuren und Szenen schnell und werden immer schwächer; Gegenwärtige Gegenstände werden wieder vom Auge erfasst, das Klingeln der Ohren ist wieder zu hören, Bewusstsein und Selbstbeherrschung kehren zurück, eine Tendenz zu aufgeregtem Reden ist deutlich erkennbar, Bewegungen sind unsicher und, sowohl im Geiste als auch im Körper, eine Art Es wird eine Vergiftung festgestellt. Es ist jedoch hell und luftig; sehr rein, sehr angenehm und sehr vorübergehend, und wenn es verschwindet, hinterlässt es kaum Spuren.

„Die Erfahrung hat völlig gezeigt, dass auf das Gehirn so eingewirkt werden kann, dass das, was man die Fähigkeit, Schmerz zu empfinden, vorübergehend vernichtet wird; Das Organ des allgemeinen Sinnes kann in tiefen Schlaf eingelullt werden, während das Organ des besonderen Sinnes und das Organ der intellektuellen Funktion hellwach, aktiv und fleißig beschäftigt bleiben. Der Patient verspürt unter sehr grausamen Schnitten möglicherweise keinen Schmerz, kann aber trotzdem so gut wie immer sehen, hören, schmecken und riechen; und er ist sich möglicherweise auch über alles, was in seiner Beobachtungsreichweite liegt, vollkommen bewusst – er ist in der Lage, über solche Ereignisse klar zu urteilen und sowohl die Ereignisse als auch die Argumentation danach im Gedächtnis zu behalten. Wir haben eine Patientin gesehen, die dem Arzt mit äußerst intelligentem und wachsamem Blick folgte, während er seinen Platz in ihrer Nähe veränderte, sein Messer hob und damit begann, es zu benutzen; während der Anwendung zuckte er überhaupt nicht zusammen; Beantwortung von Fragen durch Gesten, sehr bereitwillig und deutlich; und nach Abschluss der Operation jedes Ereignis so schildern, wie es sich ereignete; sie erklärte, dass sie alles wusste und sah; Sie gab an, dass sie wusste und spürte, dass sie verletzt wurde, und dass sie dennoch überhaupt keinen Schmerz verspürte. Während der Verwendung der Säge bei der Amputation haben Patienten leise gesagt: „Sie sägen jetzt.“ und danach haben sie höchst feierlich erklärt, dass sie, obwohl sie sich dieses Teils der Operation durchaus bewusst waren, dennoch keinen Schmerz verspürten. Wir haben gesehen, wie eine Patientin die Amputation eines Gliedes ohne Anzeichen von Leiden über sich ergehen ließ, wie sie während der Aufführung, im schmerzhaftesten Teil, die Augen öffnete und in einiger Entfernung einen Landarzt erblickte – unter dessen Obhut sie zuvor gestanden hatte und von dem sie nicht Ich habe sie schon seit geraumer Zeit gesehen – sie hat ihn mit Namen angesprochen und gebeten, dass er die Stadt nicht verlassen möge, ohne sie zu sehen.“

Seit der Zeit, auf die sich der gerade zitierte Autor bezieht, hat Dr. Simpson aus Edinburgh einen Ersatz für Schwefeläther entdeckt – Chloroform oder das Perchlorid von Formyl . Es wird angegeben, dass es gegenüber Schwefeläther die folgenden Vorteile besitzt : 1. Eine wesentlich geringere Menge Chloroform als Äther ist erforderlich, um die gewünschte Wirkung zu erzielen. 2. Seine Wirkung ist viel schneller und vollständiger und im Allgemeinen nachhaltiger. 3. Die Inhalation und Wirkung von Chloroform ist weitaus angenehmer und angenehmer als die von Äther. 4. Die Verwendung von Chloroform ist kostengünstiger als die von Ether. 5. Sein Geruch ist nicht unangenehm; Es atmet auch nicht in unangenehmer Form aus der Lunge des Patienten aus, wie dies im Allgemeinen bei Schwefeläther der Fall ist . 6. Da es in viel geringeren Mengen benötigt wird, ist es viel leichter transportierbar und übertragbar als Schwefelether . 7. Für die Ausstellung ist kein besonderer Inhalator oder Instrument erforderlich. Im Allgemeinen reicht es aus, ein wenig der Flüssigkeit auf die Innenseite eines hohlen Schwamms oder auf ein Taschentuch oder ein Stück Leinen oder Papier zu verteilen oder über den Mund und die Nasenlöcher zu halten, um sie vollständig einzuatmen etwa ein bis zwei Minuten, um den Effekt zu erzielen. Dieses Mittel muss jedoch zur Schmerzlinderung unter Anleitung eines umsichtigen Arztes eingesetzt werden; Andernfalls kann es schwerwiegende Folgen haben.

Aus chemischer Affinität entsteht oft eine ungeheure Kraft. Schießpulver ist hierfür ein bekanntes Beispiel. Es besteht aus Salpeter , Schwefel und Holzkohle, die im gewöhnlichen Zustand nur mechanisch verbunden sind; Aber sobald diese Verbindung entzündet ist, werden diese Substanzen durch chemische Einwirkung in so engen Kontakt gebracht, dass sie eine mächtige und zerstörerische Kraft entwickeln. Es schien, als würde es durch die Entdeckung der Schießbaumwolle als Sprengstoff, die in ganz Europa außerordentliches Interesse erregte, in den Schatten gestellt. Bei Projektilexperimenten schoss ein mit dreißig Körnern präparierter Baumwolle beladenes Geschütz eine gleiche Schussladung mit größerer Kraft und Präzision auf eine Entfernung von vierzig Yards, als das gleiche, mit hundertundsechzig Körnern beladene Geschütz zurücklegte -zwanzig Körner Schießpulver. Ein mit 54,5 Körnern Schießpulver geladenes Gewehr schoss eine Kugel aus einer Entfernung von 40 Yards durch sieben Bretter mit einer Dicke von einem halben Zoll; Dasselbe Gewehr, geladen mit vierzig Körnern Schießbaumwolle, ließ die Kugel in das achte Brett eindringen. Ein anderes Gewehr, das zum Elefantenschießen verwendet worden war und daher eine viel größere Kugel trug, die mit vierzig Körnern Schießbaumwolle beladen war, trieb die Kugel in einer Entfernung von neunzig Yards durch acht Bretter. In keinem Fall war die Entladung von einem stärkeren Rückstoß als gewöhnlich begleitet; und die Geräusche waren nicht lauter als die, die mit dem Abfeuern von mit Schießpulver beladenen Waffen und Gewehren einhergingen. Nach Angaben des Patentinhabers, M. Schönbein , wird für diesen Zweck von Fremdstoffen befreite Baumwolle bevorzugt; und es wird als wünschenswert erachtet, die sauberen Baumwollfasern in trockenem Zustand mit Salpeter- und Schwefelsäure zu behandeln . Diese werden im Verhältnis von einem Maß Salpetersäure zu drei Maßen Schwefelsäure in einem geeigneten oder geeigneten Gefäß vermischt, das nicht durch die Säuren angegriffen werden kann. Da die Mischung eine große Hitze erzeugt, lässt man sie abkühlen, bis ihre Temperatur auf 60 oder 50 Grad Fahrenheit fällt. Anschließend wird die Baumwolle darin eingetaucht; und damit es vollständig mit den Säuren gesättigt wird, wird es mit einem Stab aus Glas oder einem anderen Material gerührt, das von den Säuren nicht angegriffen wird. Die Baumwolle sollte in einem möglichst offenen Zustand eingeführt werden. Anschließend werden die Säuren abgegossen oder abgezogen und die Baumwolle mit einer Presse aus glasiertem Ton vorsichtig gepresst, um die Säuren zu entfernen. Anschließend wird sie im Gefäß abgedeckt und etwa eine Stunde lang stehen gelassen. Anschließend wird es in einem kontinuierlichen Wasserstrom gewaschen, bis das Vorhandensein der Säuren durch den gewöhnlichen Lackmuspapiertest nicht mehr angezeigt wird. Um alle nicht gebundenen Anteile der Säuren zu entfernen, die nach dem Reinigungsprozess verbleiben könnten, taucht der Patentinhaber die Baumwolle in eine schwache Kalikarbonatlösung, bestehend aus einer Unze Karbonatkali auf eine Gallone Wasser, und trocknet sie durch Pressen teilweise , wie vorher. Die Baumwolle ist dann hochexplosiv und kann in diesem Zustand verwendet werden; aber um seine Sprengkraft zu erhöhen, wird es in eine schwache Lösung von salpetersaurem Kali getaucht und schließlich in einem Raum getrocknet, der mit heißer Luft oder Dampf auf etwa 150 Grad Fahrenheit erhitzt wird .

Die Vor- und Nachteile dieser Substanz wurden von Professor Brande folgendermaßen dargelegt: „Die Nachteile bestehen darin, dass die Wirkung weniger regelmäßig ist als die von Schießpulver; dass es gefährlicher ist, weil es bei einer niedrigeren Temperatur entzündet wird; dass es nicht in Flammen aufgeht, wenn es in Rohren komprimiert wird; dass es in allen Arten von Patronen langsam brennt; dass Waffen und Pistolen geändert werden müssen, damit sie verwendet werden können; dass es nicht für den Einsatz durch die Armee geeignet ist; dass der Lauf der Waffe durch das bei der Verbrennung entstehende Wasser befeuchtet wird. Die Vorteile hingegen können wie folgt beschrieben werden: – Seine extreme Sauberkeit, die nach der Verbrennung keine Rückstände hinterlässt; seine Freiheit von jedem schlechten Geruch; die Anlage und die Sicherheit ihrer Zubereitung; derjenige, der die dreifache Kraft von Schießpulver besitzt; seine Explosion erzeugte keinen Rauch und weniger Lärm als die von Schießpulver; seine fadenförmige Beschaffenheit lässt zu, dass es im Bergbau über Kopf eingesetzt werden kann; Es ist nicht anfällig (wie es bei einer granulierten Substanz der Fall ist) für Leckunfälle; es löst nur sehr wenig Rückstoß aus." – Jeder gütige Geist sollte sich wünschen, nichts mehr von „dem wirren Lärm der Schlacht und der im Blut rollenden Gewänder" zu hören; und dass die Zeit bald kommen könnte, in der die Menschen „ihre Schwerter zu Pflugscharen und ihre Speere zu Winzermessern umarbeiten" werden; wenn „sie den Krieg nicht mehr lernen werden", sondern sich herzlich und hingebungsvoll der gütigen Herrschaft des Friedensfürsten unterwerfen. Es scheint jedoch keinen Grund zu der Schlussfolgerung zu geben, dass Schießbaumwolle für feindliche Zwecke eingesetzt wird, da sich das Board of Ordnance eindeutig gegen die Verwendung von Schießbaumwolle im Militär- und Marinebereich entschieden hat. Der Haupteinwand dagegen ist die sehr niedrige Temperatur, bei der es explodiert. Es hat sich erwiesen, dass das bloße Erhitzen einer Waffe durch eine Reihe nacheinander abgefeuerter Ladungen ausreicht, um eine sofortige Explosion von Schießwatte auszulösen.

Im Bergbau dürfte es von großem Nutzen sein. In den Schiefersteinbrüchen von Penrhyns wurde festgestellt, dass es dem Schießpulver weit überlegen ist. Beispielsweise wurde eine riesige Masse von sechzig Tonnen Gewicht durch die Explosion von nur acht Unzen Baumwolle sanft aus ihrem fest verdichteten Bett gestoßen, während der Schiefer nicht zersplitterte. Auch in anderen großen Werken wird es von Nutzen sein. In einem Einschnitt auf der Syston- und Peterborough-Eisenbahn, nicht weit von Stamford, zeigten Experimente, dass die durchschnittliche Stärke der Schießbaumwolle im Verhältnis von eins zu sechs von Schießpulver lag; so dass in einem harten, etwa fünf Fuß dicken Steinfundament mit einer Gesamttiefe von achtundzwanzig Fuß, wo sechs Löcher für Schießpulver nötig waren, nur eines für Schießbaumwolle nötig war. Bei allen Sprengarbeiten, sei es in Tagebauen, Tunneln oder tiefen Minen, wird somit wahrscheinlich eine große Zeit-, Arbeits- und Kostenersparnis erzielt .

KAPITEL VI.

Licht und seine Phänomene – Magische Bilder – Das optische Paradoxon – Chinesische Metallspiegel – Wirkung eines optischen Instruments auf einen abergläubischen Geist – Ursprung der Fotografie – Die Talbotypie – Die Daguerreotypie – Sonnenlichtbilder.

DIE Ursache jener Empfindungen, die wir den Augen zuordnen oder die den Sehsinn hervorrufen, ist Licht. Die Phänomene des Sehens gelten seit jeher als einer der interessantesten Zweige der Naturwissenschaften. Die Kenntnis der Gesetze, die die Lichtphänomene regulieren, bildet die Wissenschaft der Optik, die die Ursache vieler erstaunlicher Illusionen erklärt.

Es sind magische Bilder entstanden, die, wenn man sie an einem bestimmten Punkt durch ein Glas betrachtet, einen anderen Gegenstand zeigen als den, den man mit bloßem Auge halten kann. Niceron erzählt uns, dass er ein Bild dieser Art in Paris ausgeführt und in der Bibliothek der Minimes am Place Royale deponiert habe; Mit bloßem Auge betrachtet stellte es fünfzehn Porträts türkischer Sultane dar, doch durch das Glas betrachtet war es ein Porträt Ludwigs XIII.

Der Autor hat oft eine einzigartige Verwandlung gesehen, die durch ein geniales Gerät namens optisches Paradoxon bewirkt wurde: So kann ein Adler in einen Löwen und ein Hund in eine Katze verwandelt werden.

Zu diesem Zweck muss eine dreiseitige Holzkiste vorbereitet werden, und durch den offenen Teil können die verschiedenen zu verwendenden Zeichnungen, wie z. B., GESCHOBEN WERDEN . Damit verbunden muss eine Säule C und eine horizontale Stange sein, die ein Rohr D HÄLT, IN DEM SICH GENAU ÜBER DER Mitte ein Glas befindet . Die Veränderung hängt zum Teil vom Glas ab, dessen Seiten flach sind und von seiner sechseckigen Basis nach oben zu einem Punkt in der Achse des Glases divergieren, ähnlich einer Pyramide, E , die ein gleichschenkliges Dreieck BILDET . Zur Vollendung der Änderung ist nun nur noch der Rand der Zeichnung erforderlich, in dem die verschiedenen für die neue Figur erforderlichen Teile geschickt eingefügt sind; so dass, wenn der Abstand des Glases vom Auge richtig eingestellt ist, jede eckige Seite ihren Teil vom Rand einnimmt und dem Auge die verschiedenen Teile einer ganzen Figur präsentiert. Die Form des Glases verhindert das Erscheinen einer bestimmten Figur in der Mitte , wie zum Beispiel des Adlers; während der Löwe, in Portionen angeordnet und auf dem Brechungskreis an sechs verschiedenen Stellen der Grenze gezeichnet, jedoch durch Verschmelzung mit ihm kunstvoll verkleidet wird, wird die Transformation vollständig hervorgerufen.

Kürzlich wurde der Akademie der Wissenschaften in Paris von M. Stanislaus Julien ein Artikel über die in China hergestellten Metallspiegel vorgelesen, denen der Name „Zauberspiegel" gegeben wurde. Bisher haben sich alle Versuche der Europäer, an den Orten, an denen sie hergestellt werden, Informationen über den Prozess zu erhalten, als Fehlschläge erwiesen, da einige der beantragten Personen nicht bereit waren, das Geheimnis preiszugeben, und andere von dem Prozess nichts wussten. Diese Spiegel werden als magisch bezeichnet, denn wenn sie die Sonnenstrahlen auf ihrer polierten Oberfläche empfangen, werden die auf der anderen Seite vorhandenen Zeichen oder Blumen *im Relief* originalgetreu reproduziert. Die folgenden Informationen wurden von M. Julien aus den Schriften eines Autors namens Ou-tseu-hing erhalten , der zwischen 1260 und 1341 lebte: „Die Ursache dieses Phänomens ist die unterschiedliche Verwendung von Feinkupfer und Rohkupfer." Wenn auf der Unterseite durch Gießen in eine Form die Figur eines Drachen im Kreis hergestellt wird, wird dann tief in die Scheibe ein Drache eingraviert, der genau diesem entspricht. Anschließend werden die ausgeschnittenen Teile mit ziemlich grobem Kupfer gefüllt; und dieses wird durch die Wirkung des Feuers mit dem anderen Metall, das von feinerer Natur ist, vermischt. Als nächstes wird die Oberfläche des Spiegels vorbereitet und eine dünne Zinnschicht darauf aufgetragen. Wenn die polierte Scheibe eines so vorbereiteten Spiegels der Sonne zugewandt wird und das Bild an einer Wand reflektiert wird, zeigt es deutlich den klaren Teil und den dunklen Teil, den einen des feinen und den anderen des rauen Kupfers." Ou-tseu-hing gibt an, dass er dies durch eine sorgfältige Untersuchung der Fragmente eines zerbrochenen Spiegels festgestellt habe.

Für einen unwissenden und abergläubischen Geist ist es leicht, ein sehr harmloses und einfaches Instrument mit einem Instrument mit magischer Kraft zu verwechseln. Ein Beispiel dafür finden wir in Dodwells Beschreibung seines Wohnsitzes in Athen. Bei seinem ersten Eintritt in die ehrwürdigen Mauern der Akropolis war es notwendig, dem Disdar , dem türkischen Gouverneur, ein kleines Geschenk und eine zusätzliche Summe anzubieten, um Zeichnungen und Beobachtungen anzufertigen, ohne von den Dienern der Garnison belästigt zu werden. Der Disdar erwies sich als ein Mann von böser Absicht und unersättlicher Raubgier, und nachdem Dodwell zahlreiche Verärgerungen durch den Söldnertürken erlitten hatte, wurde er schließlich durch einen seltsamen Umstand von seinen Zudringlichkeiten befreit. Als er eines Tages mit Hilfe seiner Camera obscura damit beschäftigt war, den Parthenon zu zeichnen, fragte der Disdar , dessen Überraschung über die Neuheit des Anblicks erregt war, mit einer Art ärgerlicher Unruhe, welche neue Beschwörung er damit vorführte außergewöhnliche Maschine. Dodwell versuchte es zu erklären, indem er ein leeres Blatt Papier hineinlegte und ihn das Instrument betrachten ließ; Doch kaum sah er den Minerva-Tempel in all seinen Linien und Farben auf dem Papier widerspiegeln , als er annahm, der

Effekt sei durch einen magischen Prozess entstanden; Sein Erstaunen schien sich mit Besorgnis zu mischen, und während er seinen langen schwarzen Bart streichelte, wiederholte er mehrmals die Worte Allah, Masch – Allah – ein Begriff der Bewunderung bei den Türken, der bedeutet, was von Gott geschaffen ist.

Erneut blickte er mit einer Art vorsichtiger Zurückhaltung in die Camera obscura, und in diesem Moment wurden einige seiner Soldaten, die zufällig an dem Spiegelglas vorbeikamen, von dem erstaunten Disdar gesehen, der über das Papier ging . Er wurde jetzt empörend; Er beschimpfte Dodwell mit verschiedenen Schimpfwörtern, darunter Bonaparte – die Bezeichnung war damals gleichbedeutend mit der Bezeichnung „Zauberer" oder „jemand, der angeblich übernatürliche Talente besaß" – und erklärte, dass er ihn wegnehmen könne, wenn Dodwell es wolle alle Steine im Tempel, aber er würde nicht zulassen, dass seine Soldaten in eine Kiste gerufen würden. „Als ich feststellte", sagt Dodwell, „dass es keinen Sinn hatte, mit seiner Unwissenheit zu argumentieren, änderte ich meinen Ton und sagte ihm, dass ich ihn in meine Box stecken würde, wenn er mich nicht unbehelligt ließe; und dass es für ihn sehr schwierig sein würde, wieder herauszukommen. Sein Alarm war jetzt sichtbar; Er zog sich sofort zurück und starrte mich fortan mit einer Mischung aus Besorgnis und Erstaunen an. Als er mich zur Akropolis kommen sah, vermied er sorgfältig meine Annäherung; und hat mich danach nie wieder belästigt."

Die in der Abbildung dargestellte tragbare Camera Obscura hat im häuslichen Kreis oft große Freude bereitet, während die größeren, öffentlich ausgestellten Exemplare hochinteressant sind. Vielleicht hat noch niemand die Sauberkeit der Umrisse, die Präzision der Form, die Wahrheit der Farbgebung und die süßen Farbabstufungen, die so offensichtlich sind, gesehen, ohne zu bedauern, dass eine so exquisite und naturgetreue Bildsprache nicht in die Lage versetzt werden konnte, sich zu fixieren dauerhaft auf dem Tablet der Maschine. Doch nach Ansicht aller schien ein solcher Wunsch dazu bestimmt, seinen Platz unter anderen Träumen von schönen Dingen einzunehmen; die großartigen, aber undurchführbaren Vorstellungen, denen Männer von Wissenschaft und glühendem Temperament manchmal nachgegeben haben. Ein solcher Traum wurde jedoch in letzter Zeit wahr.

Herr Thomas Wedgewood, der berühmte Porzellanfabrikant, veröffentlichte bereits 1802 in den Zeitschriften der Royal Institution eine Methode, Gemälde auf Glas zu kopieren und Profile durch Licht auf Salpetersilber anzufertigen . Die von ihm durchgeführten Experimente wurden von Sir Humphry Davy wiederholt; aber einige Jahre später, MM. Niepcé und Daguerre sowie Herr Fox Talbot legten den Grundstein für den heutigen Stand der fotografischen Zeichnung. Ersterer führte eine lange Reihe von Experimenten durch, um metallische Oberflächen besonders empfindlich zu machen; Letzteres hatte das Ziel, diesen Effekt auf Papier zu bringen. Die zu diesem Zweck verwendete Camera Obscura ist ein rechteckiger Kasten mit einer doppelten konvexen Linse A an einem Ende und einem Glasreflektor B , der im Allgemeinen ein Stück Spiegel ist, am anderen Ende. Nehmen wir nun an, dass die Lichtstrahlen von einer ausgedehnten Landschaft ausgehen und durch diese kleine konvexe Linse gehen, was, wie wir wohl wissen, der Fall sein kann. Welche Wirkung wird dann erzielt? Die Szene wird zunächst auf den Reflektor geworfen, der in einem Winkel von 45 Grad zum Horizont befestigt ist. Aus einem den Optikern wohlbekannten Gesetz folgt nun, dass diese Strahlen an der Oberseite des Kastens, unmittelbar über dem Spiegel, reflektiert werden;

Wenn also eine Mattscheibe oder ein anderes Medium, das das reflektierte Bild aufnehmen kann, dort platziert wird, kann eine Darstellung der Landschaft beobachtet werden. Denn es ist durch unzählige Experimente bewiesen, dass reflektiertes Licht im Verhältnis zu seiner Stärke einen ebenso großen Einfluss auf präpariertes oder photographisches Papier hat wie die direkten Sonnenstrahlen; Daraus folgt, dass, wenn ein Stück davon in die gleiche Lage wie die Mattscheibe gebracht wird, das reflektierte Bild, sei es eine Landschaft, eine Figur oder ein künstlicher Gegenstand, darauf entsteht. Um die Camera obscura zum fotografischen Zeichnen zu verwenden, ist es daher lediglich erforderlich, das vorbereitete Papier auf die Öffnung oben in der Schachtel zu legen und es sofort mit dem Deckel C abzudecken, so dass es Es darf kein anderes Licht als das vom Spiegel reflektierte Licht auf ihn einwirken. Die zur Erzielung des erforderlichen Effekts erforderliche Zeit hängt von mehreren Umständen ab, beispielsweise von der Vorbereitung des Papiers und der Intensität des Lichts bei der Durchführung des Experiments. Letzteres ist jedoch bei weitem das wichtigere. An einem hellen, sonnigen Tag wird die Zeichnung in der Hälfte der Zeit und mit weitaus schärferen Umrissen erstellt als an einem trüben Wintertag, an dem die Sonne mit den Nebeln kämpft, die ihre strahlenden Strahlen verdecken. „The Pencil of Nature" ist der ausdrucksstarke Titel einer Sammlung fotografischer Zeichnungen, die von Herrn Talbot erstellt wurde. Im dritten Teil dieser Arbeit finden wir die folgende scharfe Kritik im *Athenæum* , Nr. 0.

„Die Themen sind ‚Das Eingangstor des Queen's College, Oxford';" „Die Leiter", in der wir drei Figuren aus dem Leben haben; und „Ein Blick auf die Residenz des Autors, Lacock Abbey, in Wiltshire." Im ersten Teil wird der wahrheitsgetreue Charakter fotografischer Bilder erfreulich gezeigt. Die Turmuhr zeigt, dass die Ansicht kurz nach zwei aufgenommen wurde, als die Sonne schräg auf das Gebäude schien. Die Geschichte jedes Steins wird erzählt und das Zerbröckeln seiner Oberfläche unter Einwirkung atmosphärischer Einflüsse wird deutlich hervorgehoben. Die Figuren in „The Ladder" sind hübsch arrangiert, aber das Gesicht des Jungen ist verzerrt, weil es so sehr nahe am Rand des Sichtfeldes liegt, das von der Linse der Camera obscura erfasst wird . Beim Betrachten dieses Fotos werden wir sofort dazu gebracht, über die von Rembrandt beobachtete Wahrheit der Natur in der Anordnung seiner Lichter und Schatten nachzudenken. Bei uns gibt es keine heftigen Gegensätze; Selbst die höchsten Lichter und die tiefsten Schatten scheinen miteinander zu verschmelzen, und die mittleren Farbtöne sind nur harmonisierende Abstufungen. Ohne die Zuhilfenahme von Farbe , mit einfachem Braun und Weiß, entsteht ein so bezauberndes Ergebnis, dass wir, wenn wir das Bild aus einiger Entfernung betrachten, fast glauben, dass die Einführung von Farbe nichts zu seinem Charme beitragen würde."

Das Folgende ist das patentierte Verfahren zum Erhalten eines Negativbildes : Nehmen Sie ein Blatt Papier mit einer glatten Oberfläche, einer festen und gleichmäßigen Textur und ohne Wasserzeichen und waschen Sie eine Seite davon mit einem weichen Tuch Kamelhaarbürste, mit einer Lösung bestehend aus einhundert Körnern kristallisiertem Silbernitrat, gelöst in sechs Unzen destilliertem Wasser, nachdem zuvor die zu waschende Seite mit einem Kreuz markiert wurde. Wenn das Papier vorsichtig am Feuer oder spontan im Dunkeln getrocknet ist, tauchen Sie es einige Minuten lang (zwei Minuten bei einer Temperatur von fünfundsechzig Grad) in eine Lösung von Jodkalium, bestehend aus fünfhundert Körnern auf einen halben Liter destilliertes Wasser. Das Papier wird dann in Wasser getaucht und dann getrocknet, indem man Löschpapier leicht darauf aufträgt und es anschließend der Hitze eines Feuers aussetzt oder es spontan trocknen lässt. Das so hergestellte Papier wird jodiertes Papier genannt und kann in einer Mappe, die keinem Licht ausgesetzt ist, beliebig lange aufbewahrt werden. Wenn ein Blatt Papier zum Gebrauch benötigt wird, waschen Sie es mit der folgenden Lösung, die wir Nr. 1 nennen; Nehmen Sie einhundert Körner salpetersauren Silbers, gelöst in zwei Unzen destilliertem Wasser, und fügen Sie dazu ein Drittel seines Volumens starke Essigsäure hinzu. Stellen Sie eine weitere Lösung, Nr. 2, her, indem Sie kristallisierte Gallussäure in kaltem destilliertem Wasser auflösen, und mischen Sie dann die beiden Lösungen in gleichen Anteilen und nicht in größerer Menge als für den sofortigen Gebrauch erforderlich, da sie nicht lange haltbar ist, ohne zu verderben. Diese Mischung, vom Patentinhaber Gallo -Nitratsilber genannt, soll dann mit einem weichen Kamelhaarpinsel auf der markierten Seite des jodierten Papiers verteilt werden; und nachdem man das Papier eine halbe Minute lang stehen gelassen hat, um die Lösung aufzusaugen, sollte es in destilliertes Wasser getaucht und leicht getrocknet werden; Zuerst mit Löschpapier und dann, indem man das Papier in beträchtlicher Entfernung vom Feuer hält. Nach dem Trocknen ist das Papier fertig und es wird empfohlen, es innerhalb weniger Stunden zu verwenden.

Das lichtempfindliche Papier muss nun in die Camera obscura gelegt werden, um auf seiner markierten Oberfläche ein deutliches Bild der Landschaft oder Person zu erhalten, deren Bild gewünscht wird. Nachdem es je nach Lichtintensität zehn Sekunden bis mehrere Minuten in der Kamera verbleibt, wird es in einem dunklen Raum aus der Kamera genommen. Wenn das Objekt stark beleuchtet wurde oder das Papier längere Zeit in der Kamera lag, ist auf dem Papier ein vernünftiges Bild zu sehen; Wenn die Belichtungszeit jedoch kurz war oder die Beleuchtung schwach war, erscheint das Papier „völlig leer". Auf dem Papier wird jedoch ein unsichtbares Bild eingeprägt, das durch den folgenden Vorgang sichtbar gemacht werden kann : Nehmen Sie etwas Gallonitrat von Silber und waschen Sie das Papier mit einer weichen Kamelhaarbürste überall damit ab Flüssigkeit, dann halten Sie es vor ein sanftes Feuer, und nach kurzer Zeit wird das Bild erscheinen; und die Teile, auf die das Licht am stärksten eingewirkt hat, werden braun oder schwarz, während die anderen weiß bleiben. Das Bild wird für einige Zeit immer deutlicher, und wenn dies hinreichend deutlich wird, muss der Vorgang beendet und das Bild korrigiert werden. Um dies zu bewirken , muss das Papier zuerst in Wasser getaucht, dann teilweise mit Löschpapier getrocknet und anschließend mit einer Lösung von Bromkalium gewaschen werden, bestehend aus einhundert Körnern des Salzes, gelöst in 8 bis 10 Unzen Wasser. Anschließend wird das Bild abschließend in Wasser gewaschen und wie zuvor getrocknet. Anstelle von Kaliumbromid kann eine starke Kochsalzlösung verwendet werden.

Durch diesen Vorgang erhalten wir ein Negativbild – bei dem die Lichter dunkel und die Schatten hell sind – und daraus können positive Bilder wie folgt erhalten werden: – Tauchen Sie ein Blatt gutes Papier in eine Lösung aus Kochsalz, die aus einem Teil gesättigter Salzlösung besteht Lösung zu acht Teilen Wasser hinzufügen und zuerst mit Löschpapier und dann spontan trocknen. Markieren Sie eine seiner Seiten und waschen Sie diese Seite mit einer Lösung aus salpetersaurem Silber, die wir Nr. 3 nennen werden und aus achtzig Körnern Salz besteht, auf eine Unze destilliertes Wasser. Wenn dieses Papier trocken ist, legen Sie es mit der markierten Seite nach oben auf ein flaches Brett oder eine beliebige Unterlage und legen Sie darüber das Negativbild, das mit einer Glasplatte und Schrauben gegen das nitrierte oder positive Papier gedrückt wird. Im Laufe von zehn oder fünfzehn Minuten strahlendem Sonnenschein oder mehrerer Stunden gewöhnlichen Tageslichts wird auf dem Papier unter dem Negativbild ein schönes Positivbild gefunden. Wenn dieses Bild gut gewaschen oder in Wasser eingeweicht ist, wird es mit der bereits erwähnten Bromkaliumlösung übergossen oder in eine starke Kochsalzlösung getaucht . F

Ein einzigartiges Ergebnis der Anwendung dieser Erfindung ereignete sich bei einem erfahrenen Reisenden , der den Ätna bestieg, um Darstellungen dieses bemerkenswerten Vulkans zu erhalten. Kaum war die Kamera am Rand des Kraters befestigt und das empfindliche Papier eingelegt, kam es zu einem teilweisen Ausbruch, und der Reisende musste um sein Leben fliegen. Als der Einbruch aufhörte, kehrte er zurück; zweifellos mit der Erwartung, lediglich die Fragmente seines wertvollen Instruments zu sammeln; Als er zu seinem großen Erstaunen und seiner Freude nicht nur entdeckte, dass seine Kamera völlig unversehrt war, sondern dass sie auch eine bewundernswerte Darstellung des Kraters und des Ausbruchs enthielt.

Nun kann ein kurzer Überblick über den Prozess der Daguerreotypie gegeben werden. Eine Platte aus versilbertem Kupfer, etwa so dick wie ein Schilling, wird gut gereinigt und poliert, indem man sie mit Baumwolle, feinem Bimssteinpulver und verdünnter Salpetersäure einreibt und anschließend der

Hitze einer darunter platzierten Spirituslampe aussetzt Auf der polierten Oberfläche bildet sich ein starker weißer Belag. Auf der Platte, die plötzlich mittels einer kalten Stein- oder Metallplatte abgekühlt wird, wird der weiße Belag durch wiederholtes Polieren mit trockenem Bimsstein und Baumwolle und dann noch dreimal mit verdünnter Salpetersäure und Bimssteinpulver entfernt.

Nachdem die Platte sorgfältig gereinigt wurde, wird sie in eine mit Jod gefüllte Kiste gelegt, bis sie sichtbar mit einem goldenen Film dieser Substanz bedeckt ist, der weder blass noch violett sein darf. Anschließend wird es in die Kamera gelegt, bis sich auf der Oberfläche ein deutliches Bild dessen bildet, was vor ihm erscheint. Es verbleibt dort für eine von der Intensität des Lichts abhängige Zeit und wird dann in eine Metallbox gebracht, in der sich ein Becher befindet, der mindestens drei Unzen Quecksilber enthält. Unter dem Kelch ist eine Spirituslampe angebracht, die den Quecksilberdampf verströmt ; und im genauen Verhältnis, wie sich dieser Dampf auf den Teilen der Platte niederschlägt, auf die das Licht einwirkte, entwickelt sich das Bild auf der Oberfläche der Platte durch die Anhaftung des weißen Quecksilberdampfes an den verschiedenen Teilen, auf die das Licht einwirkte war beeindruckt von dem Licht. Sobald das Bild vollständig erscheint, wird die Platte in eine Wanne aus Kupferblech gelegt, die entweder eine gesättigte Lösung von Kochsalz oder eine schwache Lösung von hyposulfitischem Natron enthält. Dadurch wird die Jodschicht aufgelöst und die gelbe Farbe verschwindet ganz; Dann wird heißes, aber nicht kochendes, destilliertes Wasser über die Platte gegossen und alle verbleibenden Tropfen werden durch Anblasen entfernt.

Das nun fertiggestellte Bild wird vor Staub geschützt, indem es in einen Rahmen gesteckt und mit Glas abgedeckt wird. Bei jeder erfolgreichen Operation ist das Bild in seinen Details fast so perfekt wie das der Camera obscura selbst; aber da das Licht der Sonne nur weiß ist, kann es natürlich keine der vielfältigen Farbtöne der Natur geben. Die Farbtöne werden durch die schwarze Politur der metallischen Oberfläche geliefert, die, wenn sie einen leuchtenden Gegenstand reflektiert, den weißen Dampf des Quecksilbers im Schatten erscheint und uns so je nach dem Licht, in dem er sich befindet, entweder ein positives oder ein negatives Bild liefert Wird angesehen.

In den Verfahren der Daguerreotypie und der Talbotypie wurden nach und nach verschiedene Verbesserungen vorgenommen, deren Beschreibung uns unser begrenzter Raum verbietet. Herr Beard hat seinen Daguerreotypie-Porträts Farbe hinzugefügt, die einheitlich und so transparent ist, dass sie die Ähnlichkeit in keiner Weise beeinträchtigt, während der lebensechte Effekt deutlich verstärkt wird. M. Claudet hat herausgefunden, dass, wenn die Sonne durch die Dämpfe der Atmosphäre rot gefärbt wird , dies nicht nur keine Wirkung auf die Daguerreotypie-Platte hervorruft, sondern auch die zuvor durch das weiße Licht erzeugte Wirkung zerstört. Wenn das Bild der roten

Sonne in der Camera Obscura aufgenommen wird, entsteht auf der Daguerreotypieplatte ein schwarzes Bild. Durch das Abdecken einer Daguerreotypieplatte, die zuvor dem Licht ausgesetzt wurde, mit einem roten, orangefarbenen oder gelben Glas hat die Strahlung durch diese farbigen Medien auch die Eigenschaft, die durch weißes Licht erzeugte Wirkung zu zerstören. Der interessanteste Teil von M. Claudets Aussage bezieht sich auf die Tatsache, dass die Platte nach der zerstörenden Wirkung der roten, orangen und gelben Strahlung wieder ihre frühere Empfindlichkeit erlangt; so dass es, nachdem es durch weißes Licht beeinflusst und durch die zerstörerische Wirkung der roten, orangen und gelben Strahlung wiederhergestellt wurde, möglich ist, einen photographischen Effekt zu erzeugen, wie auf einer gerade mit Jod und Brom präparierten Platte. Dieser abwechselnd wirkende und zerstörende Vorgang kann *bis ins Unendliche* wiederholt werden , ohne den Endzustand der Platte zu verändern. Diese merkwürdige Tatsache beweist offensichtlich, dass beim Daguerreotypie-Verfahren Licht die chemische Verbindung auf der Platte nicht verändert und dass die Affinität zu Quecksilber das Ergebnis einer neuen Eigenschaft ist, die durch die Wirkung der Lichtstrahlen verliehen wird. Die Experimente von M. Claudet beweisen auch, dass die roten und gelben Strahlen über eine eigene photographische Wirkung verfügen, die ebenso wie die der blauen und violetten Strahlen eine Affinität zu Quecksilberdampf verleiht . Die fotografische Wirkung des roten Strahls wird durch den gelben, die des gelben durch den roten zerstört; Rot und Gelb zerstören die fotografische Wirkung des Blaus, und das Blau zerstört die Wirkung der anderen. Die fotografische oder zerstörende Wirkung eines bestimmten Strahls kann durch keinen anderen fortgeführt werden. Es scheint daher, dass jede Strahlung den Zustand der Platte verändert, und jede Änderung erzeugt die Empfindlichkeit gegenüber Quecksilberdampf, wenn dieser nicht vorhanden ist, und zerstört diese Empfindlichkeit, wenn er vorhanden ist. G

M. Regnault hat der Akademie der Wissenschaften in Paris einige fotografische Exemplare auf Papier vorgelegt, die M. Blanquart-Evrard durch eine Modifikation des üblichen Verfahrens erhalten hatte. Bei den bisher beschriebenen Präparaten bereitete ein Teil des Verfahrens ernsthafte Schwierigkeiten, nämlich die Verwendung von Gallussäure zur Herstellung des Abdrucks. Es kam häufig vor, dass ein Abzug, der bei zu mildem Licht aufgenommen wurde oder zu große Ausmaße hatte, nicht die nötige Kraft erhalten konnte, bevor er, wie man sagen könnte, unter der gleichmäßigen Farbe verschwand, die durch die Mischung der Gallussäure mit dem Aceto erzeugt wurde - Silberazotat , mit dem das Papier durchtränkt ist. Nachdem Herr Blanquart-Evrard festgestellt hat, dass die Gallussäure nur deshalb diese gleichmäßige Farbe auf dem Abdruck erzeugt, weil sie in geringer Menge mit dem Acetoazotat des Silbers verbunden ist, beseitigt er alle Schwierigkeiten. Nachdem er den Beweis aus der Camera obscura entnommen hat, taucht er ihn in ein großes Gefäß, das mit einer Schicht von einem Zentimeter kalt gesättigter Gallussäure bedeckt ist. Das Bad wird während des Eintauchens bewegt; und die Aktion kann so verlängert werden, bis der Abdruck die nötige Kraft erreicht hat, um ein gutes Ergebnis zu erzielen. Dann wird der Beweis gewaschen, und die Gallussäure wird durch eine Lösung von Bromkalium oder Chloruretnatrium ersetzt , in der sie etwa eine Viertelstunde lang belassen wird . H

Der von Herrn Hunt entdeckte Chromotyp besteht darin, gutes Briefpapier mit der folgenden Lösung zu waschen:

    nat von Kali   ner

    sulfat   ner

    ertes Wasser

Damit hergestellte Papiere sind von blassgelber Farbe ; Sie können beliebig lange aufbewahrt werden, ohne Schaden zu nehmen, und sind jederzeit einsatzbereit. Für das Kopieren botanischer Exemplare oder Gravuren gibt es nichts Schöneres. Nachdem das Papier mit den zu kopierenden Gegenständen übereinander dem Einfluss der Sonne ausgesetzt wurde, wird es im Dunkeln mit einer mäßig starken Lösung von salpetersaurem Silber überspült. Sobald dies geschieht, entsteht ein sehr lebhaftes positives Bild; Und alles, was zum Fixieren dieser fotografischen Bilder erforderlich ist, ist ein gründliches Waschen in reinem Wasser.

M. Niepcé de St. Victor findet, dass man ein Blatt Papier, auf dem sich Schrift, gedruckte Zeichen oder eine Zeichnung befinden, einige Minuten lang dem Joddampf aussetzt und unmittelbar danach eine Schicht Stärke aufträgt Mit leicht angesäuertem Wasser angefeuchtet, erhält man eine getreue Nachzeichnung der Schrift, des Drucks oder der Zeichnung. M. Niepcé hat auch entdeckt, dass eine große Anzahl von Substanzen, wie Salpetersäure, Kalkchlorurete und Quecksilber, auf ähnliche Weise wirken; und dass verschiedene Dämpfe , insbesondere Ammoniakdämpfe, die durch die Fotografie gewonnenen Bilder beleben.

Mit den Worten eines Autors in der *North British Review* : „Während der Künstler auf diese Weise mit allem Material für sein kreatives Genie versorgt wird, wird die Öffentlichkeit einen neuen und unmittelbaren Vorteil aus den Produktionen des Solarstifts ziehen." Der Heimkehrer – den das Schicksal oder die Pflicht an seinen Geburtsort fesselt oder in seinem Vaterland einsperrt – wird ohne die Strapazen und Gefahren des Reisens die Schönheiten und Wunder der Welt erkunden; nicht in den fantastischen oder trügerischen Bildern eines eiligen Bleistifts, sondern in genau dem Bild, das er auf seine eigene Netzhaut gemalt hätte, wurde er auf magische Weise zum

Tatort transportiert. Die gigantischen Umrisse des Himalaya und der Anden werden sich auf seiner geliehenen Netzhaut abzeichnen – der Niagara wird sich in panoramischer Großartigkeit vor ihm ergießen, sein mächtiger Katarakt aus Wasser, während der flammende Vulkan seine Staubwolken in die Luft schleudern wird und ihre flammenden Fragmente. Die Szene wird sich ändern, und vor ihm werden sich die kolossalen Pyramiden Ägyptens, die Tempel Griechenlands und Roms sowie die vergoldeten Moscheen und hoch aufragenden Minarette östlicher Pracht erheben. Aber mit nicht weniger Staunen und mit einem eifrigeren und liebevolleren Blick wird er jene heiligen Szenen betrachten, die der Glaube geweiht und die Liebe beliebt gemacht hat. In seinen trostlosen Farben gemalt, wird der Berg Zion vor ihm stehen, „wie ein Feld, das gepflügt wird"; Tyrus , wie ein Felsen, auf dem die Fischer ihre Netze trocknen; Gaza, in ihrer prophetischen „Kahlheit"; Der Libanon mit seinen Zedern, die zwischen den „heulenden Tannen" liegen; Ninive war wie ein Grab gestaltet und „nur in dem Rasen zu sehen, der es bedeckt"; und Babylon, die große, die goldene Stadt mit ihren uneinnehmbaren Mauern, ihren hundert Toren aus Messing, jetzt „im Staub liegend, aufgeschüttet wie ein Haufen", bedeckt mit „Wasserteichen" und nicht einmal das „Zelt der Araber", ' oder die 'Hirtenhürde'. Aber obwohl eine moderne Sonne nur das trostlose Palästina abbilden kann, bleiben die Meere, die den göttlichen Erlöser auf ihrer Brust trugen, und die ewigen Hügel, die sein Blickfeld begrenzten, unverändert durch die Zeit und die Elemente und werden auf die Gläubigen abgebildet Tablet, sprechen uns immer noch mit einem unsterblichen Interesse an. Aber die Szenen, die uns der Fotograf so präsentiert, haben nicht nur das Interesse, wahrheitsgetreue Darstellungen zu sein: Sie bilden sozusagen eine Aufzeichnung jedes sichtbaren Ereignisses, das während der Darstellung des Bildes stattfindet. Das Zifferblatt der Uhr zeigt die Stunde und Minute an, zu der sie gezeichnet wurde, und mit dem Tag des Monats, den wir kennen, und dem Sonnenstand, den die Schatten auf dem Bild oft liefern, können wir möglicherweise den genauen Breitengrad ermitteln der Ort, der dargestellt wird. Alles stationäre Leben zeichnet sich auf dem Foto ab: – Der Wind, wenn er weht, wird seinen störenden Einfluss zeigen; der Regen, wenn er fällt, wird auf dem Dach des Hauses glitzern; die stillen Wolken werden ihre sich ständig verändernden Formen zeigen; und selbst der Blitz wird seinen Feuerstreifen auf das empfindliche Tablet prägen."

Kapitel VII.

Hitze, die Ursache vieler Wunder – Ihre universelle Verbreitung und Anwendung – Geschichte eines Brennglases – Die Augustinermönche und die Jesuiten – Betrügereien über die Beständigkeit der Hitze – Brennende Spiegel – Das Blasrohr – Der Damm der Riesen – Anwendung von Strömen erhitzter Luft – Reisen mit Dampf.

WÄRME ist überall vorhanden: Jeder existierende Körper enthält sie in einer Menge, der wir keine Grenzen zuordnen können. Die endlose Vielfalt an Formen, die sich über die Erdoberfläche ausbreiten und diese verschönern, ist auf seinen Einfluss zurückzuführen. Ohne sie würden Land und Wasser zu einer formlosen und undurchdringlichen Masse verschmelzen, und die jetzt lebenswichtige Luft würde sich als absolut giftig erweisen. Wir werden daher im Zusammenhang damit viele außergewöhnliche Phänomene finden .

Als der Jesuit Labat die Peruaner besuchte, nahm er den nackten Arm eines von ihnen und konzentrierte die Sonnenstrahlen mittels einer starken Linse auf ihn, was ihn bald vor Schmerz aufschreien ließ, während die anderen voller Staunen zusahen , nicht ohne Empörung. Wie konnte dieser Effekt erzeugt werden? war sofort die Frage; und ebenso schnell wurde die Sache für höllisch erklärt. Vergeblich behauptete Labat , es sei lediglich natürlich. Die Peruaner unternahmen viele Versuche, in den Besitz der Linse zu gelangen, um sie zu zerstören und sich von der Macht dessen zu befreien, von dem sie glaubten, dass es in der Lage sei, die Rache der Götter über sie zu bringen.

Manchmal löste die scheinbare Unempfindlichkeit gegenüber starker Hitze große Überraschung aus. Ein Beispiel hierfür war die Rivalität zwischen den Augustinerbrüdern und den Jesuiten. Der Generalvater der Augustinermönche speiste mit den Jesuiten; und als der Tisch entfernt wurde, begann er eine förmliche Diskussion über die Überlegenheit des Klosterordens und forderte die Jesuiten auf, den Titel „*fratres*" anzunehmen, während sie nicht die drei Gelübde abhielten, die andere Mönche als heilig betrachten mussten und verbindlich. Der General der Augustinerbrüder war sehr eloquent und sehr autoritär – und der Vorgesetzte der Jesuiten war sehr ungebildet.

Der Jesuit vermied es, in die Liste der Kontroversen mit dem Augustinermönch einzutreten, stoppte jedoch seinen Triumph, indem er ihn fragte, ob er einen seiner Mönche, der vorgab, nichts weiter als ein Jesuit zu sein, und einen der Augustinermönche, die die drei religiösen Rituale durchführten, sehen würde Gelübde, zeigen Sie sofort, wer von ihnen bereit wäre, seinem Vorgesetzten zu gehorchen?

Der Augustinermönch stimmte zu. Dann wandte sich der Jesuit an einen seiner Brüder, den Mönch Mark, der sie erwartete, und sagte: „Bruder Mark, unsere Gefährten sind kalt; Ich befehle dir, kraft des heiligen Gehorsams, den du mir geschworen hast, sofort einige brennende Kohlen aus dem Küchenfeuer hierher zu bringen und in deinen Händen zu halten, damit sie sich an deinen Händen erwärmen können." Pater Mark gehorchte sofort; und zum Erstaunen des Augustinermönchs brachte er in seinen Händen einen Vorrat rot brennender Kohlen und reichte sie jedem, der sich wärmen wollte; und auf Befehl seines Vorgesetzten stellte er sie wieder an den Küchenherd. Der General der Augustinerbrüder und der Rest seiner Bruderschaft standen erstaunt da; wehmütig blickte er einen seiner Mönche an, als wolle er ihm befehlen, dasselbe zu tun. Aber der Augustinermönch, der ihn vollkommen verstand und erkannte, dass dies kein Zeitpunkt zum Zögern war, bemerkte: „Ehrwürdiger Vater, erlaube es mir und befiehl mir nicht, Gott in Versuchung zu führen. Ich bin bereit, dir Feuer in einer Chauffeurschale zu holen. aber nicht in meinen bloßen Händen." Der Triumph der Jesuiten war vollständig, und es ist nicht nötig hinzuzufügen, dass von „dem *Wunder* " die Rede war und dass die Augustinermönche trotz ihrer strikten Einhaltung der drei Gelübde niemals Rechenschaft darüber ablegen konnten! Und doch gab es hier kein Geheimnis. Laut Sir James Mackintosh „gibt es im *Mercure de France* einen sehr merkwürdigen Bericht über Experimente, die in Neapel durchgeführt wurden, um herauszufinden, mit welchen Mitteln Jongleure scheinbar unbrennbar waren." Sie scheinen vollständig entdeckt zu sein und bestehen hauptsächlich darin, erstens die Haut, den Mund, den Rachen und den Magen allmählich an große Hitzegrade zu gewöhnen; zweitens, indem man die Haut mit harter Seife einreibt und die Zunge mit harter Seife bedeckt und darüber eine Schicht Puderzucker aufträgt. Dadurch wird es dem Professor in Neapel ermöglicht, über brennende Kohlen zu gehen, kochendes Öl in den Mund zu nehmen und seine Hände in geschmolzenem Blei zu waschen. Die Wunder mehrerer Heiliger, die zahlreichen Fluchten vor der Feuerprobe und die Streiche der hinduistischen Jongleure werden auf diese Weise perfekt erklärt; und alle diese Wunder können von jedem Apothekerlehrling in zwei Wochen vollbracht werden."

Andere Fälle von Ausdauer werden lediglich vorgetäuscht. Auf dem Land erscheint manchmal ein Zauberer auf der Straße und behauptet, er könne Feuer essen; Und doch rollt er nur einen Ball aus Flachs oder Hanf zusammen, zündet ihn an, rollt noch etwas von dem gleichen Material um ihn herum, steckt ihn geschickt in seinen Mund und atmet durch ihn, um die Flamme wiederzubeleben; und solange er die Luft durch die Nase und nicht durch den Mund einatmet, erleidet er keinen Schaden. Ein Künstler namens Richardson tat im 17. Jahrhundert so, als würde er geschmolzenes Blei auf seine Zunge gießen; aber es ist wahrscheinlich, dass er das schmelzbare Metall aus Wismut, Zinn und Blei verwendete, das bei niedriger Temperatur schmilzt und das der Autor auf einer Karte geschmolzen gesehen und von einer Person, die mit dem Umgang vertraut ist, ungestraft in die Hand gegossen hat heiße Substanzen.

Vor nicht allzu vielen Jahren behauptete ein Mann namens Chaubert, er sei unbrennbar; Es ist jedoch erwiesen, dass der menschliche Körper in der Lage ist, ein sehr hohes Maß an Hitze zu ertragen. Männer von unbestreitbarer Integrität haben alle seine Wunder übertroffen. Sir Charles Blagden setzte sich in einem beheizten Raum aus, wo die Hitze ein oder zwei Grad über 260° betrug, und blieb acht Minuten in dieser Situation. Eier und ein Rindersteak wurden auf ein Blechgestell in der Nähe des Thermometers gelegt, und innerhalb von zwanzig Minuten waren die Eier ziemlich hart geröstet, und nach siebenundvierzig Minuten war das Steak nicht nur gar, sondern fast trocken. Ein anderes Rindersteak, ähnlich platziert, war nach dreiunddreißig Minuten ziemlich durchgegart. Chantrey, der berühmte Bildhauer, betrat in Begleitung von fünf oder sechs Freunden ebenfalls einen Ofen und holte nach zwei Minuten Aufenthalt ein Thermometer heraus, das 320° anzeigte. Bei diesem Experiment wurden einige Schmerzen verspürt, aber es stellte keinen Zweifel mehr dar, dass der menschliche Körper über eine bemerkenswerte Fähigkeit verfügt, Hitze auszuhalten. Chaubert erregte großes Erstaunen, als er Phosphor in den Mund nahm; Da diese Substanz jedoch nicht brennt, wenn ihr die Luft entzogen wird, schloss er stets die Lippen und zog sich zurück, um den Phosphor sofort danach auszustoßen.

Wir wenden uns nun von der Widerstandsfähigkeit der Hitze durch chemische Mittel zu einigen eindrucksvollen Beispielen ihrer Kraft.

Der Name des Giant's Causeway entstand wahrscheinlich aus einer Vorstellung von übernatürlichen Kräften, die in Zeiten der Unwissenheit und des Aberglaubens hegten. Und doch ist bewiesen, dass riesige Gesteinsmassen auf rein natürliche Ursachen zurückzuführen sind. Basalt kommt auf der Erdoberfläche sehr häufig vor und wird häufig in einer Vielzahl erloschener und aktiver Vulkane nachgewiesen. Die größte bisher beobachtete Basaltmasse befindet sich im Deccan, der die Oberfläche von vielen tausend Quadratmeilen dieses Teils Indiens ausmacht. In anderen Fällen kommt es in horizontalen tafelförmigen Massen vor und ist säulenförmig. Manchmal sind die Basaltsäulen gebogen, und davon gibt es ein schönes Beispiel auf der Insel Staffa. Nun ist Basalt keine kristalline Substanz, denn da er, wie alle Kristalle, nicht in der Lage ist, sich in der Linie seiner Ebenen oder in einem Winkel dazu zu spalten, ist er konkret. Seine Struktur ähnelt einer Zwiebel oder einer Knollenwurzel, denn in der Mitte befindet sich eine feste Masse, um die sich andere befinden, genau wie die bereits erwähnten Teile der pflanzlichen Produkte. Diese Basaltabschnitte haben zunächst eine ovale Form und werden dann allmählich grob sechseckig. Einige nicht-säulenförmige Basalte zeigen keine Spur einer besonderen Anordnung ihrer Teile, während andere eine kugelförmige Struktur haben, so dass das Gestein, wenn es stark zersetzt wird, das Aussehen zahlreicher zusammengeklebter Bombengranaten und Kanonenkugeln hat.

Hier haben wir also eine außergewöhnliche Wärmewirkung. Herr Gregory Watt nahm sieben Zentner der Substanz namens Rowley Rag, ließ sie mehr als sechs Stunden lang schmelzen und kühlte sie so allmählich ab, dass acht Tage vergingen, bevor sie aus dem Ofen genommen wurde. Die Form der Masse war ungleichmäßig und während der dünnere Teil aufgrund der schnelleren Abkühlung glasartig war, war der dickere steinig; der eine Zustand geht in den anderen über. Es bildeten sich auch zahlreiche Sphäroide, von denen einige einen Durchmesser von fünf Zentimetern hatten. Sie waren mit deutlich ausgeprägten Fasern bestrahlt, wobei letztere auch konzentrische Schichten bildeten, wenn die Umstände eine solche Anordnung begünstigten . Als die Temperatur ausreichend konstant gehalten wurde, verdichteten sich die Zentren der Sphäroide, bevor sie den Durchmesser von einem halben Zoll erreichten. Als zwei Sphäroide in Kontakt kamen, kam es zu keinem Eindringen; aber die beiden Körper wurden gegenseitig komprimiert und durch eine deutlich definierte Ebene getrennt und mit einer rostigen Farbe überzogen . Als sich mehrere trafen, bildeten sie Prismen. In seiner Begründung zu diesen Tatsachen bemerkt Herr G. Watt: „In einer Schicht, die aus einer unbestimmten Anzahl in der Oberflächenausdehnung, aber nur einer in der Höhe, von undurchdringlichen Sphäroiden besteht, scheint es, wenn ihre Ränder in derselben Ebene in Kontakt kommen sollten." Es ist offensichtlich, dass ihre gegenseitige Wirkung sie zu Sechsecken formen würde; und wenn diesen unten Widerstand geleistet würde und es über ihnen keine entgegenwirkende Ursache gäbe, scheint es ebenso klar, dass sie ihre Abmessungen nach oben ausdehnen und so sechseckige Prismen bilden würden, deren Länge unendlich größer sein könnte als ihr Durchmesser."

Dass die große Kraft, die bei der Bildung basaltischer Säulen im Spiel ist, Wärme ist, scheint unbestreitbar zu sein. In Öfen zum Schmelzen von Metallen befindet sich beispielsweise ein Sandsteinbett, das im Laufe der Zeit repariert werden muss. Es wurde festgestellt, dass bei solchen Gelegenheiten herausgenommene Teile ein säulenförmiges Aussehen hatten: Die Hitze des Ofens veränderte die Form der Substanz, nicht durch eine Verschmelzung ihrer Teile, sondern durch eine besondere Anordnung ihrer Teile, wodurch sie entstand die angegebene Zahl.

Ein weiteres erstaunliches Ergebnis dieser Naturkraft ist der Ausbruch eines Vulkans. Das Auge eines Reisenden erkennt vielleicht, wenn es auf den Vesuv gerichtet ist, einen dunkelroten Fleck auf der Bergseite, der aus einer Öffnung in der Nähe des Kraters austritt. Doch schon bald breitet sich dieses tief brennende Licht offenbar aus oder fließt zu einem langen, breiten Strom weiter, fließt über die gesamte Länge des großen Kegels hinab und erreicht die darunter liegende Ebene. Aber so wie das erste Licht durch und hinter den Nebeln gesehen wurde, die dem Abgang der Sonne folgen, so wird sein ausgedehnter Einfluss jetzt nur noch durch die zunehmende Dunkelheit sichtbar. Doch während das Auge immer noch von dieser bemerkenswerten Anhöhe angezogen wird, sieht man eine Feuersäule aus dem Krater hoch in die Luft aufsteigen; während unzählige Lichter auf den Außenseiten des Kraters erscheinen, wie so viele natürliche Feuerwerkskörper, die nach oben schießen und in einem glühenden Regen niedergehen, der bald das Aussehen eines Feuerhaufens bietet. Von Zeit zu Zeit werden große und glühende Steine aus derselben unruhigen Quelle herausgeschleudert, fallen herunter, rollen an den Seiten des Kraters herunter und verlieren ihren Glanz.

Berge, die einer vulkanischen Wirkung ausgesetzt sind, bevor es zu einem Ausbruch kommt, sind im Allgemeinen die fruchtbarsten und attraktivsten aller Anhöhen. Beispiele für diese Bemerkung finden sich in großartigem Umfang in Mexiko; und unter anderem das von Jorullo in der ausgedehnten Provinz Valladolid, die an der Westküste Amerikas zwischen den Provinzen Mexiko und Guadalaxara liegt (ausgesprochen Quadalahàra) . Mechoacan , ein Teil davon, ist eine Landfläche - Land, das ein schönes und gemäßigtes Klima genießt und von Hügeln und bezaubernden Tälern durchzogen ist, die ein in der heißen Zone ungewöhnliches Aussehen mit ausgedehnten und gut bewässerten Wiesen bieten. Am 29. September 1759 wurde aus der Mitte von tausend brennenden Kegeln der Vulkan Jorullo emporgeschleudert ; ein Berg aus Schlacken und Asche, 1700 Fuß hoch, in einer weiten Ebene gelegen und mit üppigster Vegetation bedeckt. Wenn auf diese Weise von Ebenen, Hügeln und Tälern gesprochen wird, sollte der Leser bedenken, dass sie alle auf der hohen Kette der Anden liegen, da Vulkanausbrüche unseres Wissens nur in Bergregionen stattfinden.

Aber einige der bemerkenswertesten Beispiele findet man auf den Gewürzinseln oder Molukken. Die spitzen und kegelförmigen Berge, die diese Inselgruppe charakterisieren, weisen eine große Fruchtbarkeit auf. Nichts kann den Reichtum der Vegetation, mit der ihre Seiten bedeckt sind, übertreffen, noch die milde, gesunde Brise, die sie umgibt, um die Hitze der schwülen Zone zu mildern. Aber die Natur dieser Berge ist eng mit der vulkanischen Aktivität verbunden; damit wir in ängstlicher Besorgnis auf jeden einzelnen dieser schönen Gipfel blicken könnten, als wäre er dazu bestimmt, eines Tages aus seiner Position gerissen und ins Meer geworfen zu werden.

„Ich werde meine Hand über dich ausstrecken und dich von den Felsen stürzen und dich zu einem verbrannten Berg machen“, war eine der göttlichen Anklagen gegen Babylon, Jer. li. 25. Das Urteil ist nicht auf diese Weise über Ternate gefallen, einen der schönsten Vertreter der Gruppe, auf die gerade hingewiesen wurde; aber die Spitze des höchsten Felsens wurde abgerissen und aus einer Höhe von fünf- oder sechstausend Fuß ins Meer geschleudert. Es blieb eine riesige Lücke zurück, die einem Reisenden , wenn er am Rande stand, wie ein tiefes Tal oder eine Schlucht zwischen zwei Bergen vorkam. Da der Teil, der in diesem gewaltigen Kampf weggerissen wurde, in Fragmente unterschiedlicher Größe gespalten wurde, gibt es außerdem einen riesigen Haufen am Ufer des Wassers, eine Straße oder einen Damm, übersät mit halb verglasten Steinstücken und Asche vom Ufer her vom Spalt bis zum Abhang des Berges; so dass die unter anderen Aspekten so schöne Insel auf dieser Seite ein schreckliches Bild der Verwüstung bietet. Was für ein treffender Kommentar zu den Worten: „Ich werde dich zu einem verbrannten Berg machen" – ich werde deinen Gipfel abreißen, ihn in zehntausend Stücke zersplittern und damit das natürliche Grün deiner Seiten, das einst so schön aussah, überwältigen und zerstören und so fair! Irgendwann im März 1839 ereignete sich in Ternate ein weiterer Ausbruch; so dass, lange bevor diese ausgeworfenen Stoffe der Zersetzungswirkung der Atmosphäre nachgeben und einen Boden für das Pflanzenwachstum bilden konnten, eine weitere Schicht ebenso verlassener und zerbrochener Art über sie verstreut wurde.

Im Zusammenhang mit diesen erstaunlichen Phänomenen kann man anmerken, dass kürzlich ein Gerät namens Feuervernichter erfunden wurde, dessen Ursprung nicht wenig merkwürdig ist. Es wird gesagt, dass der Erfinder beobachtete, dass der Rauch, der über einem brennenden Berg schwebte, seine Wucht verringerte, und dass er durch die Analyse und Kombination ähnlicher Elemente die Möglichkeit entdeckte, Brände zu löschen und so von vornherein das zu verhindern, was sich sonst als gefährlich erweisen würde gewaltiges Unglück.

Viele künstlerische Prozesse sind ebenso wie die Vorgänge in der Natur auf Wärme angewiesen. Durch dieses Mittel werden die hartnäckigsten Massen wie Wachs weich und geben den Formen nach, die unsere Bedürfnisse und unser Geschmack erfordern; und durch hartnäckige Verwandtschaft verbundene Verbindungen werden dadurch in ihre ursprünglichen Elemente aufgelöst. Der Baron von Tchivanhausen baute 1687 einen brennenden Spiegel mit einer Breite von 1,70 Meter, der die Sonnenstrahlen mit außergewöhnlicher Kraft reflektierte. Als Holz seiner Kraft ausgesetzt wurde, fing es Feuer und brannte trotz eines äußerst heftigen Windes weiter; und Wasser, enthalten in einem irdenen Gefäß, wurde schnell gekocht, so dass Eier gekocht wurden und die Flüssigkeit bald darauf verdampfte. Kupfer und Silber verschmolzen in wenigen Minuten und Schiefer verwandelte sich in eine Art schwarzes Glas, das, wenn man es mit einer Zange festhielt, in Fäden herausgezogen werden konnte. Dieser Spiegel gelangte später in den Besitz des Königs von Frankreich und wurde in den Jardins du Roi aufbewahrt. Andere Spiegel wurden aus anderen Materialien hergestellt. Vor einigen Jahren gab es in der Polytechnischen Einrichtung zwei Metallscheiben, die an den äußersten Enden der großen Halle angebracht waren, und in deren Fokus ein Gefäß mit brennenden Kohlen und in der anderen ein Stück Fleisch gehalten wurden Letzteres wurde mit erstaunlicher Schnelligkeit mit einem einfachen und scheinbar unwichtigen Gerät zubereitet.

Das Blasrohr hat eine enorme Kraft. Zwei Volumen Wasserstoff und ein Volumen Sauerstoffgas bilden, wenn sie rein sind, eine Mischung, die in diesem Instrument starke Hitze erzeugt, und die meisten Substanzen können durch die Flamme geschmolzen werden. In den Experimenten von Dr. E. Clarke unterlagen Kalk, Strontion und Aluminium seinen Kräften. Die Alkalien verschmolzen und verflüchtigten sich fast in dem Moment, in dem sie mit der Flamme in Kontakt kamen: und Bergkristall wurde zu einem transparenten Glas voller Blasen. Opal verwandelte sich in eine perlweiße Emaille und Feuerstein in eine schaumige. Blauer Saphir wurde geschmolzen; und peruanisches Email verwandelte sich in ein transparentes und farbloses Glas. In transparentes Glas eingeschmolzener Lapislazuli mit einem leichten Grünstich. Islandspat, der hinsichtlich der Verschmelzung mit seiner heimischen Magnesia am nächsten stand, schmolz schließlich zu einem klaren Glas und gab eine amethystfarbene Flamme ab. Diamant wurde zunächst undurchsichtig und verflüchtigte sich dann allmählich. Gold, gemischt mit Borax als Flussmittel, wurde geschmolzen; Platindraht schmolz, sobald er mit der Flamme in Berührung kam, und lief in Tropfen herunter; Messingdraht brannte mit grüner Flamme; und Eisendraht mit leuchtenden Funken.

Bei einem kürzlichen Treffen der British Association stellte Dr. Faraday einige Diamanten aus, die er von M. Dumas erhalten hatte und die durch starke Hitze in Koks umgewandelt worden waren. In einem Fall wurde die Hitze der Flamme aus Kohlenstoff- und Sauerstoffoxid genutzt; in einem anderen die Knallgasflamme; und im dritten der galvanische Flammenbogen einer Bunsen-Batterie von einhundert Paaren. Im letzten Fall wurde der Diamant perfekt in ein Stück Koks umgewandelt; und in den anderen waren die Fusion und die Kohlenstoffbildung offensichtlich. Es wurden auch Exemplare gezeigt, bei denen der Charakter des Graphits vom Diamant übernommen wurde. Auch die elektrischen Eigenschaften dieser Diamanten seien verändert worden, da der Diamant ein Isolator und Koks ein Leiter sei.

Ein fast drei Meilen langes Seil lag kürzlich am Rande des Stadtteils Gateshead, der kurz vor einem Stein im Erdinneren lag. Der Stein wurde geschmolzen und ergab Eisen. Das Eisen wurde in Draht umgewandelt. Der Draht wurde zur Drahtseilmanufaktur der Herren R. S. Newall and Co. bei Teams in der Nähe von Gateshead gebracht und dort zu einer 4.660 Yards langen Schnur verdreht. Es sollte das stärkste Seil seiner Art sein, das jemals hergestellt wurde. Es wiegt zwanzig Tonnen, fünf Zentner und kostete die Käufer über 1.134 Pfund. Es war für die Steigung der Edinburgh and Glasgow Railway in der Nähe der letztgenannten Stadt gedacht. Ein gleich starkes

Hanfseil würde 33,5 Tonnen wiegen und etwa 300 Pfund mehr kosten. Außerdem wäre es im Betrieb (aufgrund des höheren Gewichts) mit höheren Kosten verbunden und würde schneller verschleißen.

„Der Prozess", heißt es im *Pharmaceutical Journal* , „zur Reinigung und Agglomerierung von Kautschuk, zur Vorbereitung seines Schneidens in Platten und auch zur Durchführung des letztgenannten Vorgangs sind dem Einfallsreichtum von M. Sievier zu verdanken ." Das allgemeine Prinzip ist folgendes: Kautschukstücke, die in ihrem ursprünglichen Zustand mit verschiedenen Verunreinigungen vermischt sind, werden in eine starke Metalltrommel gegeben, durch die eine mit meißelförmigen Zähnen besetzte Achse verläuft. Das Innere der Trommel wird mit ähnlichen, jedoch stationären, versorgt. Wenn daher die Achse in Drehung versetzt wird, wird der Kautschuk einer sehr starken Zerreiß- und Knetbewegung ausgesetzt, bei der trotz ständiger Strömung von kaltem Wasser durch die Trommel genügend Wärme entwickelt wird, um das Material zu verklumpen eine kompakte Masse. Diese Masse wird nun dem Druck einer starken Schraubenvorrichtung ausgesetzt und in die Form eines Quaders gebracht, aus dem schließlich durch die schnelle Vibrationsbewegung eines mit Wasser befeuchteten Messers Kautschukplatten geschnitten werden können. Als Lösungsmittel für Kautschuk werden üblicherweise gleiche Teile Naphtha und Terpentin verwendet; und in letzter Zeit wird häufig Kohlenstoffbisulfit eingesetzt. "

Herr J. Wishaw hat kürzlich die Vorteile aufgezeigt, die sich aus der Anwendung erhitzter Luftströme für folgende Zwecke ergeben: Würzen von Holz im Allgemeinen; Holz konservieren, Federn, Decken, Kleidung usw. reinigen; Trocknen von Kaffee, Rösten von Kaffee, Japanieren von Leder für Tischdecken und für andere Zwecke; Trocknen von Seide, Trocknen von Garn, Trocknen von Schnapsfässern, Trocknen von Pappmaché und Trocknen von vulkanisiertem Kautschuk . Das Verfahren wurde auch erfolgreich zum Trocknen von Laibzucker, zum Trocknen von Druckpapier oder zum Abbinden von Tinte getestet, um ein schnelleres Binden von Büchern als üblich zu ermöglichen; Stärke trocknen und in Dextin oder britischen Gummi umwandeln ; und Fleisch konservieren. Es wurde auch angegeben, dass sechzig Kleidungsstücke, die Personen gehörten, die in Syrien an der Pest gestorben waren, einem Reinigungsprozess bei einer Temperatur von etwa 240 °C unterzogen und anschließend von sechzig Personen getragen wurden; Keiner von ihnen zeigte jemals das geringste Anzeichen einer Krankheit. Bei der Beschreibung dieser Prozesse bezog sich der Autor auf die Methode der nordamerikanischen Indianer, das Fleisch des Büffels haltbar zu machen: es in der Sonne zu trocknen; und gab an, dass erhitzte Ströme erfolgreich angewendet wurden. Die Entdeckung scheint für die Schifffahrt von großer Bedeutung zu sein; denn anstatt dass die Seeleute von einem

Monatsende zum anderen gesalzene Lebensmittel verzehrten, könnten sie so gelegentlich über einen Vorrat an frischem Fleisch verfügen. Außerdem nimmt so behandeltes Fleisch viel weniger Platz ein und ist viel leichter. Es wird angenommen, dass die Säfte des Fleisches etwa sieben Achtel wässrige Feuchtigkeit enthalten: Diese wird durch den erhitzten Luftstrom entfernt und das Eiweiß sowie der gesamte Geschmack und die Nährstoffe bleiben zurück.

Dass bei der Erzeugung von Dampf Wärme von unschätzbarem Wert ist, bedarf es keines Beweises. Wir ziehen daraus einen besonderen Vorteil aus den Ergebnissen dieser Maschinerie, die uns sowohl durch ihre Größe als auch durch ihre Eleganz in Erstaunen versetzen. Dampf treibt uns in wenigen Stunden von einem Ende des Landes zum anderen und macht Amerika, das einst die Neue Welt genannt wurde, in wenigen Tagen zugänglich.

Ein weiteres Beispiel seiner Anwendung, das oft übersehen wird, wird in der *Quarterly Review* angeführt : „Diese außergewöhnliche Dampfverbindungslinie zwischen England und seinen östlichen Besitztümern (die seltsamerweise als Überlandreise bezeichnet wird) , aus der später Australien und Neuseeland hervorgehen werden." die äußersten Zweige. Diese Kommunikation ist in den letzten zwölf Jahren entstanden und hat trotz der enormen Entfernungen, die zurückgelegt wurden, und der Änderungen, die beim Transport von Meer zu Meer erforderlich sind, bereits eine gewisse Geschwindigkeit und Genauigkeit erreicht. Die anglo-indische Post besitzt in ihren beiden Abschnitten, einschließlich Passagieren und Korrespondenz, eine Art Individualität als größte und einzigartigste Verkehrslinie auf dem Globus. Zwei der ersten Nationen Europas, Frankreich und Österreich, kämpfen um das Privileg, diese Post durch ihre Gebiete transportieren zu dürfen. Beim Durchqueren des gesamten Mittelmeers wird es von den Gewässern des alten Nils empfangen – auf seinem weiteren Weg werden Kairo und die Pyramiden passiert – die Wüste wird mit einer Geschwindigkeit durchquert, die die alten Kavalkaden von Kamelen und herumlungernden Arabern verspottet – es ist re - Einschiffung auf dem Roten Meer, in der Nähe eines in der Schriftgeschichte heiligen Ortes – das Vorgebirge, das aus den Höhen des Berges Sinai herausragt, die Küsten von Mekka und Medina werden auf seinem schnellen Weg diesen großen Golf hinunter passiert – gelangt es durch die Meerenge von Babelmandel hinein die Indischen Meere – um von dort über verschiedene Linien an alle großen Zentren der indischen Regierung und des indischen Handels sowie an unsere entlegeneren Abhängigkeiten in der Meerenge von Malakka und an die chinesischen Meere verteilt zu werden. Es liegt eine gewisse Majestät im einfachen Umriss einer Route wie dieser, die durch die ältesten Sitze des Reiches und das, was wir als eine der frühesten Wohnstätten der Menschheit betrachten sollen, führt und nun dazu beiträgt, England mit dieser großen

Souveränität zu verbinden sie hat den Osten erobert oder erschaffen; mit einer Ausnahme wunderbarer als alle Reiche der Antike; und vielleicht auch wichtiger für das allgemeine Schicksal der Menschheit."

KAPITEL VIII.

Der magische Schwan – Eigenschaften des Magneten – Der Kompass der Seefahrer – Der Prozess der Magnetisierung – Das Eintauchen der Nadel – Magnetische Eigenschaften in verschiedenen Substanzen.

EIN ZAUBERER früherer Zeiten hatte die Figur eines Schwans, der auf einem Wassergefäß schwamm, an dessen Rand die vierundzwanzig Buchstaben des Alphabets angebracht waren. Als er sich an die Zuschauer wandte, pflegte er darum zu bitten, ihm einen Namen zu geben, und der Schwan buchstabierte ihn korrekt, indem er von einem Buchstaben zum anderen wechselte, bis er das Ganze anzeigte. Ein wenig Philosophie löste in diesem Fall immer wieder große Verwunderung aus. In den Schwan wurde ein Magnetstab eingesetzt, und der Darsteller hatte einen starken Magneten in seinem eigenen Kleid versteckt, und der Schwan folgte natürlich seinen Bewegungen. Wenn er also wollte, dass der Schwan „Selina" buchstabiert, bewegte er sich zuerst zu S, dann zu E und so weiter durch die aufeinanderfolgenden Buchstaben dieses Namens, bis das Wort geschrieben war. Bei einer Gelegenheit war der Darsteller jedoch nicht wenig beunruhigt – der Schwan blieb auf seinem Weg stehen und weigerte sich, sich zu bewegen. Immer wieder wurde die Mühe gemacht, aber sie war völlig vergeblich; Der Zauberer konnte nur anerkennen, dass jemand im Raum war, der sein Geheimnis kannte und seinen Bewegungen entgegenwirkte. Sir Francis Blake Delaval gab zu, die Person zu sein: Er holte einen Magneten hervor, mit dem er den Künstler ansah, als er am Tisch stand; Der Schwan wurde daher zwischen zwei attraktiven Instrumenten platziert und blieb natürlich unbeweglich.

Ein Magnet kann als ein Stück Eisen beschrieben werden, das die Eigenschaft besitzt, sich den Polen der Erde zuzuwenden. Diese außergewöhnliche Eigenschaft gilt nicht unbedingt für alle Eisenproben in ihrem natürlichen Zustand, sondern nur für eine Art oder Varietät, die aufgrund ihrer Verbindung mit Sauerstoff in einem bestimmten Zustand Oxid genannt wird. Die besondere Qualität dieses Eisenerzes wurde nicht durch seine Polarität oder die Fähigkeit, sich zu den Polen der Erde zu drehen, entdeckt, sondern durch seine Eigenschaft, kleine Eisenstücke anzuziehen, die nicht magnetisch sind; und daher wurde es Ladestein genannt.

Es gibt viele Verwendungszwecke des Magneten, und es besteht die Wahrscheinlichkeit, dass er noch viel häufiger eingesetzt wird. aber seine wichtigste Anwendung ist die Konstruktion des Seekompasses, der es ermöglicht, den Ozean frei zu durchqueren. Es gab einige Kontroversen über die Entdeckung der Lenkkraft des Magneten und die Erfindung des Kompasses. Man ging davon aus, dass er einst bis etwa zum 13. Jahrhundert unbekannt war, aber heute wird allgemein anerkannt, dass die Chinesen den Kompass mindestens elfhundertvierzehn Jahre vor der Geburt Christi kannten. Zu Beginn des 13. Jahrhunderts war es sicherlich in Europa in Gebrauch; denn Kardinal de Vitty erwähnt es mit einiger Ausführlichkeit in einem Werk mit dem Titel „Die Geschichte des Ostens", wo er sagt: „Die Eisennadel dreht sich nach dem Kontakt mit dem Ladestein ständig zum Nordstern, der als Achse von." das Firmament bleibt unbeweglich, während die anderen sich drehen; und daher ist es für diejenigen, die auf dem Meer navigieren, von wesentlicher Bedeutung." Dies zeigt, dass der Kompass nicht, wie allgemein angenommen, in Europa von Gioia erfunden wurde, einem Piloten, der aus Pasitano , einem kleinen Dorf in der Nähe von Amalfi, stammte und gegen Ende des 13. Jahrhunderts lebte, sondern von ihm es scheint vollständig für Navigationszwecke verfügbar gemacht worden zu sein.

Da es zu dieser Zeit von Seeleuten im Mittelmeer benutzt wurde, war es ein sehr unsicherer Wegweiser; Denn der Kompass bestand damals aus einer Magnetnadel, die an zwei Strohhalmen auf einem Stück Kork befestigt war und auf dem Wasser in einem Becken oder einer Glasvase schwamm. Gioia platzierte daher die Magnetnadel auf einem Drehpunkt, so dass sie sich frei in jede Richtung bewegen konnte, und verhinderte so die Unannehmlichkeiten und Ungenauigkeiten bei der Beobachtung, die aus der Bewegung der Nadel resultieren mussten, die auf dem Wasser schwamm und durch das Hin und Her bewegt wurde des Schiffes. Die Magnetnadel wurde anschließend an einer in zweiunddreißig Punkte unterteilten Karte, der *Rose des Vents* , befestigt, so dass die Richtung, in die ein Schiff fuhr, genau bestimmt werden konnte und die Mittel zur Bestimmung nicht mehr von der Genauigkeit abhängig waren des Auges beim Messen von Entfernungen. Der Seemannskompass ist nach wie vor in der gleichen Bauweise aufgebaut, jedoch in einem Kasten mit einer Glasabdeckung untergebracht und so vor dem Einfluss des Windes geschützt. Eine weitere Verbesserung wurde durch die Aufhängung des Kastens erzielt, so dass die Nadel in einer horizontalen Position bleibt und genaue Hinweise auf die Richtung gibt, in die das Schiff fährt, egal, wie das Schiff durch die Wellen geneigt und hin und her gerollt wird .

Zusätzlich zu den bereits erwähnten Eigenschaften hat der Wägestein die Fähigkeit, seine Vorzüge auf jedes Stück hartes Eisen oder Stahl zu übertragen, und das ohne Einbußen bei der Festigkeit; Wäre also nur ein einziges Stück entdeckt worden, hätte es für die Herstellung aller jemals von Menschen geformten Magneten ausgereicht. Um diesen Zweck zu erreichen, können andere Mittel eingesetzt werden. Nehmen Sie einen Eisenstab und schlagen Sie ihn mehrmals mit einem Hammer an, damit er magnetisch wird. Dieses Experiment kann mit einem gewöhnlichen Schürhaken durchgeführt werden. Der auf diese Weise auf eine Stahlstange übertragene Magnetismus wird noch stärker, wenn er während des Hämmervorgangs auf einer anderen Stange abgestützt wird.

Gay Lussac , ein berühmter französischer Chemiker, entdeckte eine Methode zur Herstellung von Magneten durch ein so einfaches Verfahren, dass es in allen Fällen erfolgreich angewendet werden kann. Nehmen Sie ein Stück dünnen Eisendraht und hängen Sie ihn senkrecht auf. Da die Erde selbst ein Magnet ist, induziert sie eine magnetische Kraft im Draht. Um dies dauerhaft zu machen, verdrehen Sie den Draht, bis er reißt, und Sie erhalten einen Magneten.

Frau Somerville, bekannt für ihre hervorragenden philosophischen Arbeiten, führte einige Experimente über die Wirkung von Sonnenlicht bei der Erzeugung von Permanentmagnetismus durch. Wenn die Hälfte einer kleinen Nähnadel mit Papier bedeckt wird und der freigelegte Teil in den violetten oder indigofarbenen Strahl gelegt wird, wird Magnetismus induziert, und der gleiche Effekt wird in geringerem Maße durch den blauen und grünen Strahl hervorgerufen.

Um nur noch einen weiteren Modus zu beschreiben; Magnete lassen sich leicht durch das sogenannte Single-Touch-Verfahren herstellen, und dies ist vielleicht die einfachste und effektivste Vorgehensweise. Legen Sie den zu magnetisierenden Stahlstab auf einen Tisch oder an einen anderen geeigneten Ort und richten Sie ihn so genau wie möglich nach Norden und Süden aus. Diese Position wird von Philosophen als magnetischer Meridian bezeichnet. Nachdem dies geschehen ist, ziehen Sie senkrecht einen starken Magneten darüber. Bei diesem Vorgang ist es notwendig, an einem Ende des Stabes zu beginnen und den Magneten über die gesamte Länge und dann noch einmal in die gleiche Richtung zu ziehen. Es darf nicht vor und zurück gezogen werden, denn die in eine Richtung übertragene Kraft würde durch eine entgegengesetzte Bewegung zerstört werden.

Die folgenden Experimente sind sehr lehrreich: – Hängen Sie eine Magnetnadel an einer Seidenschnur auf, sodass sie in horizontaler Position hängt. Bringen Sie es dann über die Mitte eines großen Magneten, der auf einem Tisch liegt, und es behält immer noch seine Position; aber wenn es sich einem Ende nähert, wird es nach unten gebogen und an den Enden vertikal sein. Dieses Experiment veranschaulicht den sogenannten Einbruch des Magneten. Am Äquator der Erde ist die Nadel horizontal oder fast horizontal, aber wenn sie in die Nähe der Pole gebracht wird, sinkt sie, und über jedem magnetischen Pol wäre sie vertikal. Der Grund dafür geht aus dem ersten Experiment hervor: Am Äquator wird jeder Pol der Nadel in gleichem Maße vom Nord- und Südpol der Erde angezogen; Wenn wir jedoch nach Norden gehen, wird der Nordpol des Magneten stärker angezogen als der Südpol und zeigt auf ihn, bis er schließlich vertikal wird. Die Pole der Erdrotation, das heißt die Punkte, die die Enden ihrer Achse bilden würden, wenn sie sich um eins drehen würde, sind nicht die magnetischen Pole; Auch ist der Äquator der Erde nicht der magnetische Äquator. Sie unterscheiden sich jedoch nicht stark.

Nehmen Sie auch einen Stabmagneten, legen Sie ihn auf einen Tisch und bedecken Sie ihn mit einem Blatt Schreibpapier. Streuen Sie dann einige feine Eisenspäne darüber, und sie werden sich in sehr schönen Kurven um den Magneten anordnen und, wie man annimmt, die Zirkulation der magnetischen Flüssigkeit zeigen. Aus diesem Experiment erfahren wir, dass die magnetische Kraft an den Polen am größten ist; und dies gilt in Bezug auf den Magnetismus der Erde, dessen Stärke vom magnetischen Äquator zu den magnetischen Polen der Erde zunimmt, wie durch eine Vielzahl interessanter und heikler Experimente festgestellt wurde. Sir Graves C. Haughton hat in der Juni-Ausgabe des Brewster's *Philosophical Magazine einen Artikel* mit dem Titel „Experimente, die die Gemeinsamkeit von Magnetismus, Kohäsion, Adhäsion und Viskosität beweisen" veröffentlicht .

Dieses Papier enthält zwei getrennte Versuchsreihen, von denen sich die erste auf die Anziehungskraft der Magnetnadel auf verschiedene mineralische, pflanzliche und tierische Substanzen bezieht: und es ist nicht wenig bemerkenswert, dass Antimon und Wismut sowie Kupfer, Zinn, und Cadmium haben in diesen Experimenten gezeigt, dass sie eine Anziehungskraft für die Magnetnadel haben; In den von Dr. Faraday hergestellten Exemplaren hat er sie jedoch in die Klasse der Diamagnetiker eingeordnet , das heißt derjenigen, die Abstoßung zeigten. Auch das Arsen, das er als so widerspenstig empfand, wurde in den vorliegenden Experimenten dazu gebracht, den eigentlichen magnetischen Charakter, das heißt die Kraft des Anziehens und Abstoßens, anzunehmen, indem es für kurze Zeit in Kontakt mit einem Stabmagneten gehalten wurde . Es wurde ebenfalls festgestellt, dass Jod, wenn man es in die Nähe der Nadel brachte, es anziehen konnte.

Bei den meisten dieser Experimente wurde die Nadel dazu gebracht, sich an die Substanzen zu heften, indem sie durch einen Magneten zu ihnen hin gedrückt wurde, der nach dem Kontakt sanft zurückgezogen wurde . Auf diese Weise und durch eine Bezugnahme auf die Grade des Kompasses, den die Nadel durchquert, kann ein Haar auf dem Kopf oder ein Funke eines Diamanten genau gemessen werden. Die Stärke der Nadel bei ihrer Bewegung auf einem Drehpunkt wurde durch Azimute ermittelt, über die ausführlich berichtet wird.

Der Rest der Memoiren, der in einer Zusatznummer des Magazins enthalten ist, ist einem Detail von etwa fünfhundert Experimenten gewidmet, bei denen nichteisenhaltige Nadeln durch eine Modifikation der Magnetnadel hergestellt wurden, aus der sie eine bildeten Teil, um sich an die gleichen Substanzen wie in den vorherigen Experimenten zu binden. So wurde zum Beispiel festgestellt, dass Nadeln aus den meisten bemerkenswerten Metallen sowie aus Glas eine starke Affinität zu fast jeder Art von Substanz haben, ob mineralisch, pflanzlich oder tierisch, wenn ihre Dichte größer als die von Kork war oder Holzkohle. Messing übertraf alle Metalle in seiner Anziehungskraft, und was am bemerkenswertesten ist, die Magnetnadel war die niedrigste von allen in der Skala und zeigte nicht viel mehr als ein Drittel der Anziehungskraft von Weicheisen. Jede Substanz mit kristallinem oder glasartigem Charakter zeigte bemerkenswerte magnetische Eigenschaften, und dies war nicht zu verkennen, da sie durch Kontakt mit einem der Pole eines starken Magneten nach Belieben verstärkt werden konnten. Gegen Ende der Experimente wurde die merkwürdige Entdeckung gemacht, dass Nadeln aus Elfenbein, Perlmutt, Schildpatt, Horn usw. einzigartig magnetisch waren, was auf das in ihnen enthaltene Eiweiß und die Gelatine zurückzuführen ist ; und aus dieser und anderen Tatsachen wird der Schluss gezogen, dass die kohäsiven, adhäsiven und viskosen Eigenschaften von Körpern auf reale magnetische Eigenschaften zurückzuführen sind und dass albuminöse, gelatineartige und klebrige Flüssigkeiten durch Trocknen verschiedene Arten von Glas bilden, die Diese Ansicht wird durch die Vorgänge mit dem gelatineartigen Siliciumhydrat gestützt .

„Die vorangegangenen Experimente", sagt der Autor, „umfassen eine große Vielfalt an Substanzen im Mineral-, Pflanzen- und Tierreich, die so starke anziehende Affinitäten zueinander aufweisen, dass sie sich in ihrem äußeren Erscheinungsbild noch so sehr unterscheiden mögen in ihrer Natur sind sie durch gemeinsame Bande miteinander verbunden, die sie alle zu einer einzigen Familie verbinden; denn wir finden, dass sich das Metall an kristalline, tierische und pflanzliche Substanzen bindet; und wiederum verbindet sich der Kristall, ob wir ihn nun Diamant, Salz oder Kandis nennen, leicht mit metallischen, tierischen und pflanzlichen Körpern. In ähnlicher Weise heften sich tierische Körper an mineralische und pflanzliche Körper; Und um den Kreis zu vervollständigen, ist das Pflanzenreich durch seine Wälder, sein Gummi, seinen Lack und seine Harze mit ihnen allen verbunden."

KAPITEL IX.

Der elektrische Drachen – Kerzen zauberhaft angezündet – St. Elmos Feuer – Das Chronoskop – Die elektrische Uhr – Der elektrische Telegraph – U-Boot-Telegraphen – Die alles beherrschende Vorsehung Gottes.

IN den kürzlich veröffentlichten autobiografischen Memoiren von Sir John Barrow sagt er, als er einige der Beschäftigungen seiner Jugend beschreibt: „Ich war auf einen Bericht über Benjamin Franklins elektrischen Drachen gestoßen, und ein Drachen war ein sehr häufiger Gegenstand Als ich Schuljungen war und eine in Salzwasser getränkte Schnur mit einem Glasgriff nicht schwer zu bekommen hatte, ließ ich schnell meinen Drachen steigen und erhielt eine Fülle von Funken (wie die, die man von einer elektrischen Maschine erzeugt). Eine alte Frau, die neugierig war, was ich vorhatte, war eine zu verlockende Gelegenheit, um ihr keinen Schock zu versetzen, was sie so sehr erschreckte, dass sie im Dorf verbreitete, dass ich nicht besser sei, als ich sein sollte, denn ich zog Feuer vom Himmel herab. Der Alarm ging durch das Dorf und meine arme Mutter bat mich, meinen Drachen beiseite zu legen."

Kürzlich gab ein Zauberprofessor bekannt, dass mit einem Pistolenschuss mehrere hundert Kerzen angezündet würden. Dementsprechend erschien die Bühne in teilweiser Dunkelheit, aber durch die Düsternis konnte man Kerzenreihen in verschiedenen Höhen über dem Boden undeutlich erkennen; und nach ein oder zwei Minuten sah man, wie der Darsteller eintrat und eine Pistole abfeuerte, woraufhin alle Kerzen sofort entzündet wurden und die Anordnung der magischen Instrumente stark erleuchtet schien, bereit für den Einsatz bei den folgenden Heldentaten – ein Effekt, der immer eintrat durch begeisterten Beifall. Und doch ist es kein Problem, dieses Wunder zu erklären. Kerzen, die sorgfältig darauf vorbereitet sind, sich leicht zu entzünden, könnten über sich eine Anordnung von Drähten haben, wobei sich die Spitze eines Drahtes direkt über jedem Docht befindet und das Ganze mit einer elektrischen Batterie verbunden ist, so dass sie sofort und im Handumdrehen entzündet werden können. Der Augenblick, in dem der Darsteller eintrat, könnte für andere das Signal für die Entladung der Batterie sein, und der Knall der Pistole würde verhindern, dass beim Entfernen der Drähte, die die vorherige Dunkelheit wirksam verdeckt hatte, ein Geräusch zu hören war.

Lord Napier sagt, als er sich vor einigen Jahren während eines schrecklichen Gewitters im Mittelmeer aufhielt und sich gerade zum Ausruhen zurückzog, hörte er plötzlich den Ruf „St. Elmo und St. Anne!" was ihn dazu bewog, erneut an Deck zu gehen. Als ich das Aussehen der

Masten betrachtete, war die Spitze des Großmastmastes vollständig in einen Glanz aus blassem Phosphorlicht gehüllt; die anderen Mastköpfe hatten ein ähnliches Aussehen; Die Flamme behält ihre Intensität acht bis zehn Minuten lang bei und wird dann allmählich schwächer. Doch diese Erscheinung, die der Aberglaube für ein Wunder erklärte, war nur elektrischer Natur; Denn während die Sonnenwärme das Wasser und die Feuchtigkeit der Erde in Dampf umwandelt, wird die Elektrizität ungehindert freigesetzt. „Die Wolken, die diese Kraft bildet, befinden sich in unterschiedlichen elektrischen Bedingungen, obwohl die Elektrizität der Atmosphäre, wenn sie ruhig ist, ausnahmslos dieselbe ist. Daher verwandeln der Abstieg der Wolken zur Erde, ihre gegenseitige Annäherung, die Kraft der atmosphärischen Strömungen und die ständig wechselnden Kräfte von Hitze und Kälte die Lufthülle des Globus in einen vollständigen elektrischen Apparat; spontan in vielfältiger Form das Spiel des Konflikts seiner antagonistischen Kräfte zur Schau stellen. Am Ende eines schwülen Tages und über ebenen Ebenen vereinen sich die gegensätzlichen Elektrizitäten der Erde und der Luft in geräuschlosen Blitzen wieder und erhellen sozusagen in weit ausgebreiteten Blättern den gesamten Kreis der Erde Horizont und das gesamte Wolkendach. Zu anderen Zeiten erhellen dieselben Elemente die arktischen Sternbilder mit ihren unruhigen Waldbränden – mal verbreiten sie ihre Phosphorflammen und huschen in unruhigen Schimmern umher, und mal schießen sie ihre Polarlichtsäulen in die Höhe, rücken vor, ziehen sich zurück und konkurrieren, als ob sie es nachahmen würden tödlicher Streit." ICH

Dass Elektrizität und Magnetismus identisch sind, geht aus vielen Experimenten hervor. Wenn eine Nähnadel in einen Draht gesteckt wird, der in der Form einer Spirale gedreht ist, und dann ein elektrischer Stromstoß aus einem Leydener Gefäß hindurchgeleitet wird, wird die Nadel magnetisiert. Die Form des Drahtes und die Art und Weise, wie die Nadel platziert wird, sind in der Abbildung dargestellt.

Wenn M wiederum ein hufeisenförmiges Stück Weicheisen ist und mit einem Kupferdraht umgeben ist, der mit einer nichtleitenden Substanz bedeckt ist, wird es stark magnetisch, wenn die Enden des Drahtes mit einer galvanischen Batterie verbunden werden. Wenn dieser nur mäßig groß ist und ein Halter I AN M befestigt ist , wird er W aufhängen , was ein sehr schweres Gewicht darstellt.

Mr. Barlow hat einen Globus so gestaltet, dass er die Neigung der Nadel mit Elektrizität identifiziert, deren Strom immer um die Erde zu fließen scheint. Bei G im gegenüberliegenden Diagramm ist ein Globus dargestellt, auf dem ein mit Seide bedeckter Draht vollständig aufgewickelt ist, von einem Pol rund und rund zum anderen. Die Enden dieses Drahtes tauchen in zwei Becher P und N ein, die mit den Polen einer galvanischen Batterie verbunden sind. Wenn der Strom von hier aus fließt, zeigen die kleinen und fein ausbalancierten Magnete *m die Polarität und neigen sich, genau wie in der Erde selbst.*

Mr. Bains elektrische Uhr ist eine bemerkenswerte Erfindung. Nichts kann zufriedenstellender und vollständiger sein. Unter Berücksichtigung des Materialverschleißes durch Reibung und des oxidierenden Einflusses der Atmosphäre scheint das Perpetuum mobile verwirklicht zu sein. Solange die Elektrizität der Erde anhält, oder mit anderen Worten, solange die Naturgesetze bestehen, so lange wird die Uhr von Herrn Bain ihre Schwingungen fortsetzen und den Lauf der Zeit registrieren. Das Pendel leitet und ist die Schatzkammer dieser Kraft, und zwei einfache Räder und ihre Befestigungen mit der toten Hemmung vervollständigen die Maschine. Durch eine raffinierte Vorkehrung löscht Mr. Bains elektrische Uhr in der Manufaktur genau um halb eins das Gaslicht, das ihr Zifferblatt beleuchtet.

Herr Bain hat eine andere Art elektrischer Uhr erfunden und patentiert, die Uhr befindet sich in Glasgow und das Pendel in Edinburgh. Mit Hilfe des von Herrn Bain konstruierten elektrischen Telegraphen entlang der Eisenbahn brachte er seinen Wunsch zum Ausdruck, dass das Pendel am anderen Ende der Strecke in Bewegung gesetzt werden sollte. Die Uhr befand sich im Bahnhofsgebäude in Glasgow, das dazugehörige Pendel im Bahnhofsgebäude in Edinburgh, da die beiden sechsundvierzig Meilen voneinander entfernt waren. Sie wurden durch den Draht des Telegraphen so verbunden, dass durch einen elektrischen Strom die Mechanik der Uhr in Glasgow entsprechend den Schwingungen des elektrischen Pendels in Edinburgh in die richtige Bewegung gebracht wurde. Wären also England und Schottland in einem großen chronometrischen Bündnis vereint, würde ein einziges elektrisches Pendel dieser Art, das im Observatorium in Greenwich aufgestellt wäre, die astronomische Zeit im ganzen Land korrekt anzeigen.

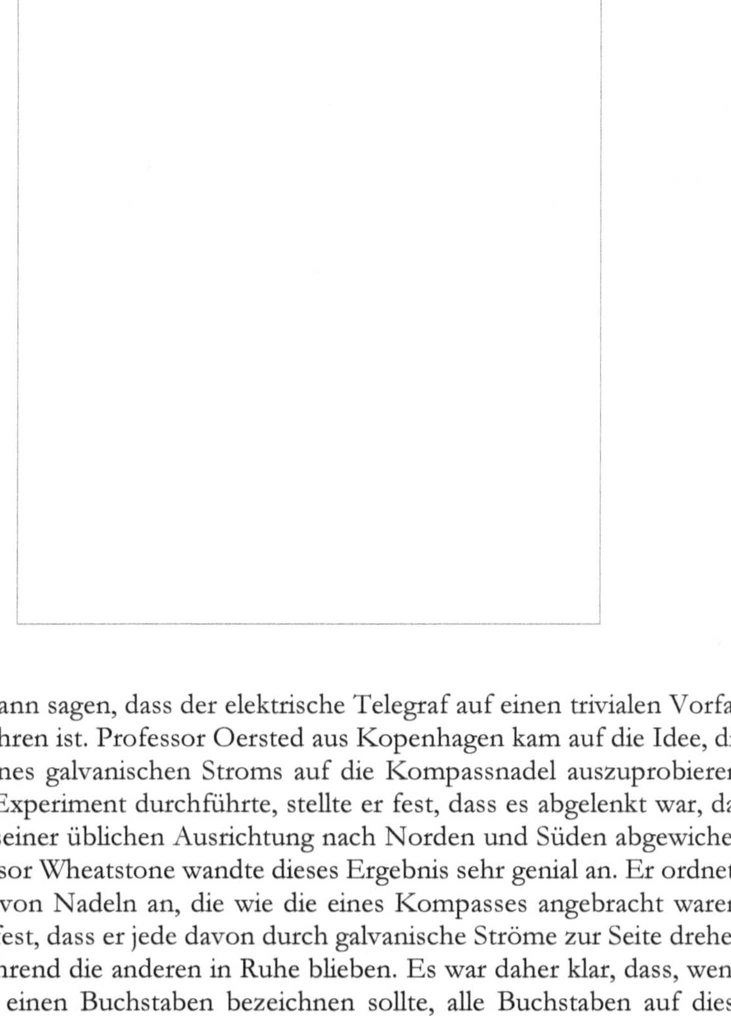

Man kann sagen, dass der elektrische Telegraf auf einen trivialen Vorfall zurückzuführen ist. Professor Oersted aus Kopenhagen kam auf die Idee, die Wirkung eines galvanischen Stroms auf die Kompassnadel auszuprobieren. Als er das Experiment durchführte, stellte er fest, dass es abgelenkt war, das heißt, von seiner üblichen Ausrichtung nach Norden und Süden abgewichen war. Professor Wheatstone wandte dieses Ergebnis sehr genial an. Er ordnete eine Reihe von Nadeln an, die wie die eines Kompasses angebracht waren, und stellte fest, dass er jede davon durch galvanische Ströme zur Seite drehen konnte, während die anderen in Ruhe blieben. Es war daher klar, dass, wenn jede Nadel einen Buchstaben bezeichnen sollte, alle Buchstaben auf diese Weise angezeigt werden könnten; und wenn folglich eine Anordnung von Nadeln, die jeweils für so viele Buchstaben stehen, in einer Entfernung von fünfzig oder hundert Meilen platziert würde und auf jede von ihnen mittels Drähten eingewirkt würde, die die Entfernung durchqueren, könnte eine Nachricht abgesandt werden an einem Ende der Linie messen und am anderen Ende von den ausgelenkten Nadeln ablesen, und zwar von jeder Person, die mit der Anordnung ordnungsgemäß vertraut ist. Ein ähnlicher

Satz Nadeln am anderen Ende würde es ihm mit Sicherheit ermöglichen, eine Antwort zu übermitteln.

Die Gravur stellt die Vorderseite des Telegraphen dar und zeigt den Index, wie er bezeichnet wird. Die Drähte, die über die gesamte Länge der Leitung hängen, sind an beiden Enden an den Telegrapheninstrumenten befestigt, wobei ein Abzweigdraht an einer großen metallischen Oberfläche befestigt ist, die in die Erde eingebettet ist, um den elektrischen Strom zu vervollständigen. Im Ruhezustand sind die Griffe unten und die Zeiger bleiben in ihrer vertikalen Position. Die Signale werden von zwei Magnetnadeln oder Zeigern gegeben, die jeweils vertikal an einer durch das Zifferblatt verlaufenden Achse hängen und auf deren Rückseite jeweils ein weiterer Zeiger auf der entsprechenden Achse befestigt ist. Ein viele Meter langer Teil des leitenden Drahtes ist um den Galvanometerrahmen gewickelt, in dem sich der Magnet bewegt, um den Magneten der vervielfachten Ablenkkraft des elektrischen Stroms auszusetzen.

Die Batterie ist die Antriebskraft der Maschine und nimmt zu ihr die gleiche relative Stellung ein wie der Kessel zur Lokomotive; Denn obwohl es keine unmittelbaren Auswirkungen auf die Arbeiten hat, ist der Teil, den es im Unternehmen leistet, von wesentlicher Bedeutung. Während seiner Reise stellte Herr Cooke große Unannehmlichkeiten fest, die durch das Verschütten der in Smees Batterien verwendeten Säurelösung entstanden waren. und daraus kam er zu der Überlegung, ob der Ersatz durch feinen weißen Shanklin-Sand, der mit der verdünnten Säure gesättigt ist, diese Schwierigkeit nicht vermeiden würde. Nachdem Experimente die Richtigkeit seiner Vermutung bestätigt hatten, wurde die Änderung dauerhaft angeordnet und erwies sich später als so vorteilhaft, dass die gleiche Methode bei den Dauerbatterien ausprobiert wurde, und das Ergebnis erwies sich in gleicher Weise als zufriedenstellend. Gegenwärtig ähnelt der Generator in seinen Hauptmerkmalen dem sogenannten Wollaston-Trog; und es ist so angeordnet, dass die Reihe von Platten aus Kupfer und amalgamiertem Zink, die für die Entwicklung der elektrischen Flüssigkeit angeordnet sind, in eine entsprechende Reihe von Zellen gebracht werden können, die mit gut gewaschenem und trockenem Sand gefüllt sind. Im *United Service Gazette* heißt es, dass alles, was zur Verwendung des Instruments notwendig sei, darin bestehe, den Sand leicht mit verdünnter Schwefelsäure anzufeuchten .

Die leitenden Drähte haben an ihren Enden einen geringeren Durchmesser und sind so angeordnet, dass sie die Spulenmagnete bilden. Die im Diagramm dargestellten sind im Zusammenhang mit den Werken zu sehen; Der elektrische Strom, der den durch die Pfeile angezeigten Verlauf nimmt, bewirkt die Ablenkung der Nadel.

Die folgende Gravur stellt das Innere der Maschine dar und zeigt, wie der Magnet mit dem elektrischen Strom verbunden ist. Die *mit a* bezeichneten Teile sind die Schlüsselschäfte, die, wenn sie mit einem Griff nach rechts oder links gedreht werden, eine der Federn *c* von ihrem Kontaktpunkt *d wegdrücken* und den Verlauf des elektrischen Stroms ändern , erzeugt eine entsprechende Änderung der Position der Nadel.

Bei der Kommunikation mit der Person, die sich an dem Punkt befindet, an dem sie die Informationen erhalten möchte, unterbricht der Bediener durch Drehen des Griffs nach rechts oder links den elektrischen Strom. Wenn man dann den Draht gegen die mit den Batteriepolen verbundenen Stifte drückt, erhalten die Drahtspulen ihre volle Ablenkkraft und ziehen die Magnetnadeln entsprechend dem Verlauf des Stroms nach beiden Seiten an. Wenn also der Stromstrom in die rechte Spule gelangt, wird der obere Teil der Nadel von ihr angezogen; Wenn der Strom in die Spule auf der linken Seite gelangt, wird die Nadel in gleicher Weise von ihr angezogen; Dadurch wird den Zeigern die gesamte erforderliche Bewegung gegeben. Die Zeit, die zwischen der Bewegung der Griffe und der Auswirkung auf die Zeiger vergeht, ist nicht wahrnehmbar, obwohl wir davon ausgehen müssen, dass sie sich tatsächlich daran orientiert. Das Zifferblatt ist in fünf Kreise unterteilt, die jeweils eine Reihe von Buchstaben oder Zeichen enthalten. Die linke Nadel bewegt sich zweimal nach links und ergibt *ein* ; dreimal, *b* ; einmal nach rechts und einmal nach links, *c* ; einmal nach links und einmal nach rechts, *d* ; einmal nach rechts, *e* ; zweimal, *f* ; dreimal, *g* . Die Reihenfolge wird dann übernommen, indem sich die rechte Nadel für *h einmal nach links bewegt* ; zweimal für *mich* ; dreimal für *k* ; einmal nach rechts und einmal nach links für *l* ; einmal nach links und einmal nach rechts, für *m* ; einmal nach rechts für *n* ; zweimal für *o* ; und dreimal für *p* . Die übrigen Zeichen werden durch zwei zusammenarbeitende Nadeln erzeugt, so dass die gleichzeitige Bewegung der *beiden* , einmal nach links, *r anzeigt* ; zweimal für *s* ; dreimal für *t* ; einmal nach rechts und einmal nach links, für *dich* ; einmal nach rechts für *w* ; zweimal für *x* ; und dreimal für *y* . Am Ende jedes gegebenen Wortes zeigt die linke Nadel, die sich einmal nach rechts zum Kreuz bewegt, an, dass das Wort vervollständigt ist. Wenn der Empfänger das Wort versteht, bedeutet er es, indem er denselben Zeiger zweimal nach links und zweimal nach rechts bewegt, was „*Ja*" *bedeutet* ; Wenn die Kommunikation nicht verstanden wird, zeigt die Nadel zweimal nach rechts und zweimal nach links, was auf *Nein hinweist* . Das ursprüngliche Wort wird dann wiederholt; Wenn Zahlen gewünscht werden, werden die Anträge für jeden Buchstaben verdoppelt. Bevor ein Signal gegeben wird, wird die Aufmerksamkeit des Bedieners durch das Läuten einer Glocke erregt, was durch eine ebenso einfache wie geniale Vorrichtung erreicht wird .]

Dass die Kommunikation auf diesem Wege oft von großer Bedeutung sein kann, geht aus vielen Zeitungsartikeln hervor. Zu Beginn des Jahres 1847 erschien Folgendes: „Am Freitagabend ging am Bahnhof von Chesterfield die folgende Nachricht ein: , Sagen Sie Derby, ein Mr. H. ist aus der Yorker Anstalt geflohen und soll Schusswaffen bei sich haben.' Person. Durchsuchen Sie alle Züge ab York. Er ist groß, hat eine schiefe Nase und einen grünen Mantel mit Taschen an der Seite. Sagen Sie der Polizei, sie soll aufpassen.' Auf diese Nachricht folgte eine weitere aus Leeds: „Er wird in Leeds gefangen; Sie haben ihn ziemlich sicher.'"

Kürzlich wurde in der Nähe der Bank von England eine Niederlassung eröffnet, in der telegrafische Nachrichten in alle Hauptstädte unseres Landes versandt oder empfangen werden können. Die Schwierigkeiten, die in Bezug auf U-Boot-Telegraphen bestanden, scheinen überwunden zu sein; denn die Zeit, die seit Beginn der Beförderung des Telegraphen über den Hafen von Portsmouth und der Übermittlung von Signalen benötigt wird, beträgt keine Viertelstunde. Der Telegraph, der wie ein gewöhnliches Seil aussieht, ist in einem der Werftboote aufgerollt und mit einem Ende am Ufer befestigt. und während das Boot hinübergezogen wird, wird das Telegrafenseil allmählich über das Heck abgewickelt, wobei es aufgrund seiner überlegenen Schwerkraft sofort auf den Grund sinkt. Der Telegraph besteht nur aus dieser Linie; und erfordert im Gegensatz zu denen entlang der verschiedenen Eisenbahnstrecken keine Rückleitungen, um den Stromkreis zu perfektionieren. Die elektrische Flüssigkeit wird von den Batterien in der Werft durch den untergetauchten isolierten Draht zum gegenüberliegenden Ufer übertragen; Die Flüssigkeit kehrt durch das Wasser ohne Hilfe eines metallischen Leiters zum Minuspol zurück, mit Ausnahme eines kurzen Stücks Draht, das über die Brüstung der Werft ins Wasser geworfen und mit den Batterien verbunden wird. Die Tatsache, dass das Wasser als bereiter Rückleiter fungiert, steht außer Frage. Als Mr. Snow Harris 1842 in seinen Experimenten von dieser Werft bis zur Orest die Effizienz seiner Blitzableiter nachwies , stellte er beispielhaft dar, dass Wasser dazu dienen würde, den Stromkreis zu schließen. Bei dieser Gelegenheit war die Entfernung, die der Rückstrom durch das Wasser zurücklegte, im Vergleich zu der im vorliegenden Fall zurückgelegten Strecke nur unbedeutend. Die verwendeten Batterien stammen von Smee; und ein sehr empfindlicher und genauer galvanischer Detektor, erfunden von Mr. Hay, dem Chemiedozenten der Werft, wurde ebenfalls in Beschlag genommen. Unabhängig von der Einfachheit dieses U-Boot-Telegraphen hat er einen Vorteil, den selbst die Telegraphen an Land nicht haben: Er kann im Falle eines Unfalls in zehn Minuten ausgetauscht werden.

Auf der letzten Sitzung der British Association wies der Vorsitzende, Sir R. H. Inglis, auf die Fortschritte des elektrischen Telegraphen hin, und zwar anhand eines dem Legislativrat und der Versammlung von New Brunswick vorgelegten Berichts über ein Projekt zum Bau einer Eisenbahn damit eine elektromagnetische Telegrafenlinie von Halifax nach Quebec: –

„Das System erweitert sich täglich. Es war jedoch in den Vereinigten Staaten von Amerika, wo es erstmals 1844 von Professor Morse in großem Umfang übernommen wurde; und dort ist es jetzt schon am weitesten entwickelt. Linien über mehr als dreizehnhundert Meilen sind in Betrieb und verbinden diese Staaten mit den kanadischen Provinzen Ihrer Majestät. und die Entwicklung verläuft so schnell, dass, um es mit den Worten des Berichts von Herrn Wilkinson an meinen angesehenen Freund, Seine Exzellenz Sir W. E. Colebrook, den Gouverneur von New Brunswick, auszudrücken, „kein Zeitplan für Telegraphenlinien mehr verlässlich ist." für einen Monat hintereinander, da in diesem Zeitraum Hunderte von Meilen hinzugefügt werden können. Ein solches Ergebnis scheint so leicht zu erreichen zu sein, und das Interesse an seiner Verwirklichung ist so lebhaft, dass es kaum zweifelhaft ist, dass innerhalb von zwei oder drei Jahren die gesamten bevölkerungsreichen Teile der Vereinigten Staaten damit bedeckt sein werden ein Netzwerk, ähnlich einem Spinnennetz, das seine Hauptfäden an wichtigen Punkten entlang der Küste des Atlantiks auf der einen Seite und an ähnlichen Punkten entlang der Seegrenze auf der anderen Seite aufhängt. Dem gleichen Bericht verdanke ich noch eine weitere Tatsache, die der Verband meiner Meinung nach mit gleichem Interesse berücksichtigen wird: „ Das Vertrauen in die Leistungsfähigkeit der telegrafischen Kommunikation ist inzwischen so stark gefestigt, dass die wichtigsten Handelstransaktionen täglich über sie abgewickelt werden.", zwischen Korrespondenten, die mehrere hundert Meilen voneinander entfernt sind. Den visuellen Beweis dafür lieferte mir eine wenige Minuten alte Kommunikation zwischen einem Kaufmann in Toronto und seinem Korrespondenten in New York, etwa sechshundertzweiunddreißig Meilen entfernt. Ich möchte Ihre Aufmerksamkeit auf die Vorteile lenken, die auch andere Klassen aus dieser Art der Kommunikation ziehen können, wie ich sie im selben Bericht finde: „Als der Hibernia-Dampfer im Januar 1847 in Boston ankam, mit der Nachricht von …" Aufgrund der Knappheit in Großbritannien, Irland und anderen Teilen Europas und mit umfangreichen Bestellungen für landwirtschaftliche Produkte drängten sich die Bauern im Landesinneren der Bundesstaaten New York, die durch den Magnettelegraphen über den Stand der Dinge informiert waren, auf den Straßen von New York Albany mit unzähligen Mannschaftsladungen Getreide fast so schnell nach der Ankunft des Dampfers in Boston, wie die Nachricht von dieser Ankunft sie normalerweise hätte erreichen können. Ich möchte hinzufügen, dass das System ungeachtet aller Vorteile für die Allgemeinheit den Einzelpersonen oder Unternehmen, die ihr Kapital in seine Anwendung investiert haben, bereits eine angemessene Zinsrendite zu bieten scheint."'

Professor Morse gibt an, dass aufgrund der Verbesserungen dieses Telegraphen die vollständige Botschaft des Präsidenten zum Thema des Krieges mit Mexiko mit einer Geschwindigkeit von neunundneunzig Buchstaben pro Minute mit vollkommener Genauigkeit übermittelt wurde. Seine geschickten Bediener in Washington und Baltimore druckten diese Zeichen mit einer Geschwindigkeit von achtundneunzig, einhunderteins, einhundertelf, und einer von ihnen druckte tatsächlich einhundertsiebzehn pro Minute. Er muss ein erfahrener Schreiber sein, der mehr als hundert Briefe pro Minute leserlich schreiben kann; Folglich entspricht diese Art der Kommunikation der schnellsten Art, Gedanken aufzuzeichnen, oder kommt ihr nahezu gleich!

Hier schließen wir also unsere Reihe von Illustrationen dessen, was im Volksmund „natürliche Magie" genannt wird, streng genommen jedoch Naturgesetze; Nachdem er einen Blick auf die Mechanismen mechanischer Fähigkeiten, irdische Phänomene, chemische Wunder und die Wirkung von Licht, Wärme und Elektrizität geworfen hatte.

Dabei werden wir an die Worte des Psalmisten erinnert: „ Deine Treue gilt allen Geschlechtern; du hast die Erde gegründet, und sie bleibt . Sie halten an diesem Tag an deinen Geboten fest; denn alle sind deine Diener", Psalm 16:14. cxix. 90, 91.

Die so deutlich aufgezeigte Beständigkeit der Natur wird durch die gewöhnliche Erfahrung veranschaulicht. Das Kind, das seinen Drachen in die Luft steigen lässt oder sein kleines Schiff auf der Oberfläche des Baches platziert oder die trockenen Blätter zusammensammelt, um ein Feuer zu erzeugen, ja, sogar durch die Nahrung, die es isst, und durch seine Bewegungen im Alltag Spaziergänge, beweist, dass die Natur Gesetze hat und dass es in ihnen einen Bestand gibt. Im Jenseits wird die Tatsache noch offensichtlicher. Jeden Tag und jede Nacht legen sie ihr ausdrückliches Zeugnis davon ab. Über tausend Kanäle gelangt Wasser ins Meer; es wird in die höheren Regionen der Atmosphäre gehoben, um sich in leichten und flauschigen Wolken über die vier Himmelsrichtungen zu verteilen; und schließlich vollendet er seinen Rundgang, indem er in Schauern auf den trockenen und durstigen Boden fällt.

„Es bedarf jedoch", sagt Chalmers, „der Hilfe der Philosophie, um zu lernen, wie unveränderlich die Natur in all ihren Prozessen ist – wie sogar ihre scheinbaren Anomalien auf ein Gesetz zurückgeführt werden können, das unflexibel ist – für das, was auf den ersten Blick als das Gesetz erscheinen könnte." Die Launen ihrer Eigensinnigkeit sind in der Tat die Weiterentwicklung eines Mechanismus, der sich nie ändert – und je gründlicher sie durch die Befragungen der Neugierigen gesichtet und auf die Probe gestellt wird, desto sicherer werden sie feststellen, dass sie vorbeigeht eine Regel, die kein Nachlassen kennt; und beharrt mit gehorsamen Schritten auf diesem gleichmäßigen Weg, von dem das Auge strengster Prüfung noch nie eine Abweichung um Haaresbreite entdeckt hat. Männer der Wissenschaft bezweifeln nicht länger, dass jeder verbliebene Anschein von Unregelmäßigkeit im Universum nicht auf die Unbeständigkeit der Natur, sondern auf die Unwissenheit des Menschen zurückzuführen ist – dass seine verborgensten Bewegungen mit einer Gleichmäßigkeit ausgeführt werden, die so streng ist wie das Schicksal – dass selbst die unbeständigen Unruhen des Wetters ihre Gesetze und Prinzipien haben – dass die Intensität jeder Brise und die Anzahl der Tropfen in jedem Schauer und die Bildung jeder Wolke und alle auftretenden Wechsel von Sturm und Sonnenschein und das endlose Temperaturschwankungen und jene zitternden Variationen der Luft, die wir mit unseren Instrumenten entdecken, aber nicht erklären konnten – dass sie dennoch einander durch eine Abfolgemethode folgen, die zwar weitaus komplizierter ist, doch in sich so absolut wie die Ordnung der Jahreszeiten oder die mathematischen Abläufe der Astronomie. Dies ist der Eindruck jedes philosophischen Geistes in Bezug auf die Natur, und er wird durch jeden neuen Zugang zur Wissenschaft verstärkt. Je mehr wir sie kennen, desto mehr werden wir dazu gebracht, ihre Beständigkeit zu erkennen und sie als eine mächtige, wenn auch komplizierte Maschine zu betrachten, deren Ergebnisse alle sicher sind und deren Funktionsweise alle unveränderlich ist!"

Wer ist nicht voller Staunen, wenn er über die Macht des Allmächtigen nachdenkt? Lass es nur sein Wille sein, einen seiner Agenten freizulassen, und die Erde und alles, was sie enthält, wird verbrannt. Wohl mögen wir bei dem Gedanken an den „Zorn, der vom Himmel her gegen alle Gottlosigkeit und Ungerechtigkeit der Menschen offenbart wird" zittern! Auf denen, die nicht glauben, bleibt der Fluch Jehovas. Würden die Menschen doch bedenken, wie schrecklich es ist, in die Hände des lebendigen Gottes zu fallen! Vom Heiligen Geist von ihrer Schuld und Gefahr überzeugt, würden sie sich dann der einzigen Hoffnung zuwenden, die ihnen das Evangelium bietet.

Vergeblich suchen wir nach Frieden mit Gott

Mit unseren eigenen Methoden:

Jesus, es gibt nichts außer deinem Blut

Kann uns in die Nähe des Throns bringen.

Die Drohung deines gebrochenen Gesetzes

Beeindrucke unsere Seelen mit Angst;

Wenn Gott sein Racheschwert zückt,

Es erschlägt unseren Geist.

Aber dein berühmtes Opfer

Hat auf diese Forderungen geantwortet;

Und Frieden und Vergebung vom Himmel,

Kam durch die Hände Jesu herab."

Bacon hat es treffend bemerkt: „Es ist der Himmel auf Erden, in Nächstenliebe zu leben, sich den Polen der Wahrheit zuzuwenden und in der Vorsehung zu ruhen." Die Zärtlichkeit und Präzision der göttlichen Fürsorge lehrt uns unser Herr selbst: „Fürchtet euch nicht vor denen, die den Körper töten, die Seele aber nicht töten können; fürchtet euch vielmehr vor dem, der sowohl Seele als auch Körper in der Hölle zerstören kann." Werden nicht zwei Spatzen für einen Heller verkauft? Und keiner von ihnen wird ohne deinen Vater auf die Erde fallen . Aber die Haare auf deinem Kopf sind alle gezählt. Fürchtet euch also nicht, ihr seid wertvoller als viele Spatzen", Matthäus. X. 28–31.

Mögen also alle, die durch den Tod seines Sohnes mit Gott versöhnt wurden, durch diese Wahrheit getröstet werden. Gott ist nicht weit von jedem von uns entfernt; das Große und das Winzige stehen gleichermaßen unter seiner Kontrolle; und er hat gnädig versprochen, dass „denen, die Gott lieben, alle Dinge zum Guten dienen werden, denen, die nach seinem Vorsatz berufen sind".

Aufgrund der Unwissenheit und des Aberglaubens des menschlichen Geistes werden Anwendungen manchmal an diejenigen gerichtet, die angeblich mit magischen Kräften ausgestattet sind. Solche Praktiken werden in der Heiligen Schrift als eitel und böse verurteilt. Daher sagt der Prophet Jesaja: „Wenn sie zu euch sagen werden: Sucht nach denen, die vertraute Geister haben, und nach Zauberern, die gucken und murmeln: Sollte ein Volk nicht seinen Gott suchen?" für die Lebenden bis zu den Toten? Zum Gesetz und zum Zeugnis: Wenn sie nicht nach diesem Wort reden, liegt das daran, dass kein Licht in ihnen ist", Jes. viii. 19, 20.

KAPITEL X.

Ansprüche der römischen Kirche auf Wunderkraft – Die Franziskaner und Dominikaner – Geschichte des Bischofs Remi – Die Wirkung von Reliquien – Vorgetäuschte Vertreibung böser Geister durch die Brüder – Tragisches Ereignis – Erscheinung der Jungfrau Maria vor entblößten Hirten – Vorgetäuschtes Wunder der Griechen Kirche.

DIE römische Kirche hat zu allen Zeiten bekräftigt, dass ihr die Macht verliehen wurde, Wunder zu wirken. Seine „Leben der Heiligen", eine Reihe, die sich offenkundig über viele Jahrhunderte erstreckt, sind reich an Bezügen zu sogenannten übernatürlichen Erscheinungen, die wir jedoch nur auf eine ganz andere Ursache zurückführen können.

Die beiden folgenden Tatsachen werden von Luther angegeben : „Im Kloster Isenach steht ein Bild, das ich gesehen habe. Als eine wohlhabende Person dorthin kam, um zu ihm zu beten (es war Maria mit ihrem Kind), wandte das Kind sein Gesicht vom Sünder zur Mutter, als ob es sich weigerte, sein Gebet zu hören, und deshalb um Vermittlung bitten sollte und Hilfe von Maria, der Mutter. Aber wenn der Sünder diesem Kloster großzügig gab, dann wandte sich das Kind wieder an ihn; und wenn er versprach, mehr zu geben, dann zeigte sich das Kind sehr freundlich und liebevoll und streckte seine Arme in Form eines Kreuzes über ihn aus. Aber dieses Bild war innen hohl gemacht und mit Schlössern, Leinen und Schrauben präpariert; und dahinter stand ein Schurke, um sie zu bewegen; und so wurde das Volk verspottet und getäuscht, indem man es für ein Wunder der göttlichen Vorsehung hielt!"

„Ein Holländer, der vor einem Massenpriester in Rom seine Beichte ablegte, versprach durch einen Eid, alles, was der Priester ihm mitteilen würde, geheim zu halten, bis er nach Deutschland kam, woraufhin der Priester vorgab, ihm ein Bein davon zu geben Esel, auf dem Christus nach Jerusalem ritt, ganz ordentlich in ein seidenes Tuch gehüllt, und sagte: „Dies ist die heilige Reliquie, auf der der Herr Christus leibhaftig saß, und mit seinen heiligen Beinen berührte er das Bein dieses Esels!" Der Holländer war außerordentlich erfreut und nahm die heilige Reliquie mit nach Deutschland, und als er an die Grenzen kam, prahlte er im Beisein von vier anderen seiner Kameraden mit seinem heiligen Besitz und zeigte ihn ihnen gleichzeitig; Da aber jeder der vier vom Priester auch ein Bein erhalten hatte und die gleiche Geheimhaltung versprochen hatte, fragte er erstaunt: ‚Ob dieser Esel fünf Beine hatte!'"

Die Betrügereien der angeblichen Geistlichen während der fast weltweiten Verbreitung des Papsttums stellen die Verderbtheit des menschlichen Herzens und die gottlose Tendenz der falschen Religion aufs treffendste dar . Vielleicht gab es nie eine berüchtigtere Kriegslist als in Bern im Jahr 1509, deren folgender Bericht aus Ruchets „ Histoire de la Réformation " stammt en Suisse" und Höttingers „Hist. Eccles. Helvet .", findet sich in Mosheims „Eccles. Hist." Ein ähnlicher Bericht findet sich in den Reisen durch Frankreich, Italien usw. von Bischof Burnet. Die fragliche List war die Folge einer Rivalität zwischen den Franziskanern und Dominikanern und insbesondere ihrer Kontroverse um die unbefleckte Empfängnis der Jungfrau Maria. Erstere behauptete, sie sei ohne den Makel der Erbsünde geboren worden; Letzterer behauptete das Gegenteil. Die Lehre der Franziskaner musste in einem Zeitalter der Dunkelheit und des Aberglaubens populär sein; und so verloren die Dominikaner von Tag zu Tag an Boden. Um die Glaubwürdigkeit ihres Ordens zu stärken, beschlossen sie bei einem Kapitel in Vimpsen im Jahr 1504, auf fiktive Visionen und Träume zurückzugreifen, an die die Menschen damals leicht glaubten; und sie beschlossen, Bern zum Schauplatz ihrer Operationen zu machen. Als Werkzeug für die Wahnvorstellungen, die sie ersannen, wurde ein Mensch namens Jetzer ausgewählt, der äußerst einfach war und sehr zu Entbehrungen neigte und seinen Lebensstil als Laienbruder angenommen hatte. Einer der vier Dominikaner, die die Leitung dieser Verschwörung übernommen hatten, begab sich heimlich in Jetzers Zelle; und um Mitternacht erschien ihm eine schreckliche Gestalt, umgeben von heulenden Hunden, und es schien, als blies er Feuer aus seinen Nasenlöchern mit Hilfe einer Kiste mit brennbaren Stoffen, die er an seinen Mund hielt. In dieser schrecklichen Gestalt näherte er sich Jetzers Bett und sagte ihm, dass er der Geist eines Dominikaners sei, der in Paris getötet worden sei, als Urteil des Himmels dafür, dass er seine Klostertracht abgelegt hatte; dass er für dieses Verbrechen zum Fegefeuer verurteilt wurde; Er fügte hinzu, dass er durch seine Mittel aus seinem unbeschreiblichen Elend gerettet werden könne. Diese Geschichte, begleitet von schrecklichen Schreien und Geheul , erschreckte den armen Jetzer zu Tode und verpflichtete ihn, zu versprechen, alles in seiner Macht stehende zu tun, um den Dominikaner von seiner Qual zu befreien. Daraufhin erzählte ihm der Betrüger, dass nichts als die außergewöhnlichsten Demütigungen, wie die Disziplinierung mit der Peitsche, die acht Tage lang vom gesamten Kloster durchgeführt wurde, und dass Jetzer während dieser Zeit in der Gestalt eines Gekreuzigten in der Kapelle lag Masse, könnte zu seiner Befreiung beitragen. Er fügte hinzu, dass die Durchführung dieser Demütigungen Jetzer in den besonderen Schutz der heiligen Jungfrau bringen würde ; und schloss mit der Aussage, dass er ihm noch einmal erscheinen sollte, begleitet von zwei anderen Geistern.

Kaum war der Morgen gekommen, berichtete Jetzer dem Rest des Klosters von dieser Erscheinung, und alle rieten ihm einstimmig, sich der vorgeschriebenen Disziplin zu unterziehen. und jeder war bereit, seinen Anteil an der ihm auferlegten Aufgabe zu ertragen. Der verblendete Einfaltspinsel gehorchte und wurde von der Menge, die sich um das Kloster drängte, als Heiliger bewundert, während die vier Mönche, die den Betrug leiteten, das Wunder dieser Erscheinung in ihren Predigten und anderen auf pompöseste Art und Weise verherrlichten ihr Diskurs. In der darauffolgenden Nacht wurde die Erscheinung erneuert, wobei zwei Betrüger hinzukamen, die wie Teufel gekleidet waren; und Jetzers Glaube wurde dadurch gestärkt, dass er von dem Gespenst alle Geheimnisse seines Lebens und seiner Gedanken hörte , die die Betrüger von seinem Beichtvater erfahren hatten. In dieser und einigen folgenden Szenen (deren Einzelheiten wir hier weglassen) sprach der Betrüger viel mit Jetzer vom Dominikanerorden, der seiner Meinung nach der heiligen Jungfrau besonders am Herzen lag; Er fügte hinzu, dass die Jungfrau wusste, dass sie in der Erbsünde empfangen wurde; dass die Ärzte, die das Gegenteil lehrten, im Fegefeuer waren; dass die heilige Jungfrau die Franziskaner verabscheute, weil sie sie ihrem Sohn gleichstellten; und dass die Stadt Bern zerstört werden würde, weil sie innerhalb ihrer Mauern solche Seuchen beherbergte . Bei einer dieser Erscheinungen stellte sich Jetzer vor, dass die Stimme des Gespensts der des Priors des Klosters ähnelte, und er täuschte sich nicht; aber da er keinen Betrug vermutete, schenkte er dem wenig Beachtung. Der Prior erschien in verschiedenen Formen, manchmal in der der Heiligen Barbara, manchmal in der des Heiligen Bernhard; schließlich nahm er das der Jungfrau Maria an; und kleidete sich zu diesem Zweck in die Gewohnheiten, mit denen die Statue der Jungfrau bei den großen Festen geschmückt wurde; Die kleinen Bilder, die an diesen Tagen auf den Altären aufgestellt werden, wurden als Engel verwendet, die, an einer Schnur befestigt, die durch eine Rolle über Jetzers Kopf geführt wurde, auf und ab stiegen und um die angebliche Jungfrau tanzten, um sich zu vergrößern die Täuschung. Die so ausgerüstete Jungfrau richtete eine lange Ansprache an Jetzer , in der sie ihm unter anderem sagte, dass sie in der Erbsünde gezeugt worden sei, obwohl sie nur kurze Zeit unter diesem Makel gelitten habe. Sie gab ihm als wundersamen Beweis ihrer Anwesenheit eine Hostie oder eine geweihte Hostie, die sich in einem Augenblick von Weiß zu Rot verfärbte. Und nach verschiedenen Besuchen, bei denen die größten Ungeheuerlichkeiten begangen wurden, sagte die Jungfrau-Priorin zu Jetzer : dass sie ihm die ergreifendsten und zweifellossten Zeichen der Liebe ihres Sohnes geben würde, indem sie ihm die fünf Wunden einprägte, die Jesus am Kreuz durchbohrt hatte, wie sie es zuvor bei der heiligen Lucia und der heiligen Katharina getan hatte. Deshalb ergriff sie gewaltsam seine Hand und schlug einen großen Nagel hinein, was den armen Betrüger in die größte Qual versetzte.

In der nächsten Nacht brachte diese männliche Jungfrau, wie er vorgab, etwas von dem Leinen, in dem Christus begraben worden war, um die Wunde zu mildern, und gab Jetzer einen einschläfernden Trank, der einige Körner

Blut eines ungetauften Kindes enthielt Weihrauch und geweihtes Salz, etwas Quecksilber und die Haare der Augenbrauen eines Kindes, die alle vom Prior mit einigen betäubenden und giftigen Zutaten durch magische Zeremonien und eine feierliche Widmung vermischt wurden der Teufel in der Hoffnung auf seinen Beistand . Dieser Trank versetzte den armen Kerl in eine Art Lethargie, während der die Mönche die anderen vier Wunden Christi auf seinen Körper prägten, so dass er keinen Schmerz verspürte. Als er erwachte, stellte er zu seiner unaussprechlichen Freude diese Eindrücke an seinem Körper fest und kam sich schließlich vor, ein Vertreter Christi in den verschiedenen Teilen seiner Leidenschaft zu sein. In diesem Zustand wurde er zur großen Demütigung der Franziskaner der bewundernden Menge auf dem Hauptaltar des Klosters ausgesetzt. Die Dominikaner gaben ihm noch andere Trankgerüche, die ihn in Krämpfe versetzten, denen eine Stimme folgte, die durch eine Pfeife in den Mund zweier Bildnisse übertragen wurde, eines von Maria und eines von dem Jesuskind; Dem ersteren waren in lebhafter Weise Tränen auf die Wangen gemalt. Der kleine Jesus fragte seine Mutter mit dieser Stimme (die des Priors war), warum sie weinte? Sie antwortete, dass ihre Tränen auf die gottlose Art zurückzuführen seien, mit der die Franziskaner ihr die Ehre zuteilten , die ihm gebührte, indem sie sagten, sie sei ohne Sünde empfangen und geboren worden.

Die Erscheinungen, falschen Wunder und abscheulichen List dieser Dominikaner wiederholten sich jede Nacht; und die Sache wurde schließlich so übertrieben, dass Jetzer , so einfältig er auch war, sie schließlich entdeckte und fast den Prior getötet hätte, der ihm eines Nachts in Gestalt der Jungfrau erschien, mit einer Krone auf ihr Kopf. Die Dominikaner, die befürchteten, durch diese Entdeckung die Früchte ihrer Betrügerei zu verlieren, dachten, die beste Methode sei, die ganze Angelegenheit Jetzer anzuvertrauen und ihn mit den verführerischsten Versprechungen von Reichtum und Ruhm zu verpflichten, die Sache weiterzuführen schummeln. Jetzer war überzeugt, oder zumindest schien er es zu sein. Da die Dominikaner jedoch vermuteten, dass er nicht ganz überzeugt war, beschlossen sie, ihn zu vergiften; aber seine Konstitution war so kräftig, dass er, obwohl sie ihm mehrmals fünfmal Gift gaben, dadurch nicht zugrunde ging. Eines Tages schickten sie ihm ein mit Gewürzen zubereitetes Brot. Als es nach ein oder zwei Tagen grün wurde, warf er ein Stück davon den Welpen eines Wolfes zu, die sich im Kloster befanden, und es tötete sie sofort. Ein anderes Mal vergifteten sie die Hostie, die geweihte Hostie, aber er entkam erneut. Kurz gesagt, es gab kein Mittel, das die abscheulichste Gottlosigkeit und Barbarei erfinden konnte, um ihn zu sichern, das sie nicht in die Tat umsetzten; Als er schließlich eine Gelegenheit fand, aus dem Kloster zu entkommen, warf er sich in die Hände der Beamten, denen er diese höllische Verschwörung vollständig aufdeckte. Als die Angelegenheit nach Rom gebracht wurde, wurden von dort Kommissare entsandt, um die Angelegenheit zu untersuchen. Nachdem der ganze Betrug vollständig bewiesen war, wurden die vier Brüder feierlich ihres Priestertums enthoben und am letzten Tag des Monats Mai 1509 bei lebendigem Leibe verbrannt. Jetzer starb einige Zeit später in Konstanz, nachdem er sich, wie einige glaubten, vergiftet hatte. Wäre ihm das Leben genommen worden, bevor er Gelegenheit gehabt hätte, die bereits erwähnte Entdeckung zu machen, wäre diese abscheuliche und schreckliche Verschwörung, die in vielen Fällen mit Kunst durchgeführt wurde, wahrscheinlich als gewaltiges Wunder an die Nachwelt überliefert worden .

Als sich die Reformation in Litauen ausbreitete, war Prinz Radzviil davon so betroffen, dass er persönlich hinging, um dem Papst alle möglichen Ehren zu erweisen . Seine Heiligkeit überreichte ihm bei dieser Gelegenheit eine kostbare Schatulle voller Reliquien. Als der Prinz heimgekehrt war, baten einige Mönche um die Erlaubnis, die Wirkung dieser Reliquien an einem Dämonen auszuprobieren, der sich bisher jeder Art von Exorzismus widersetzt hatte. Sie wurden mit feierlichem Pomp in die Kirche gebracht und in Begleitung einer unzähligen Menschenmenge auf dem Altar niedergelegt. Nach den üblichen Beschwörungen, die erfolglos blieben, brachten sie die Reliquien an. Der Dämon erholte sich sofort. Die Leute riefen: „Ein Wunder!" und der Prinz, der seine Hände und Augen zum Himmel erhob, fühlte, wie es heißt, seinen Glauben bestätigt. In diesem Freudenrausch bemerkte er, dass ein junger Herr, der Hüter dieses Reliquienschatzes, lächelte und durch seine Bewegungen das Wunder lächerlich machte. Der Prinz nahm den jungen Hüter der Reliquien empört zur Rede; der unter dem Versprechen der Begnadigung die folgende geheime Nachricht über sie gab. Als er aus Rom reiste , hatte er die Kiste mit den Reliquien verloren, und da er nicht wagte, sie zu erwähnen, erlangte er eine ähnliche, die er mit kleinen Knochen von Hunden und Katzen und anderen ähnlichen Kleinigkeiten wie dem, was verloren gegangen war, gefüllt hatte. Er hoffte, dass man ihm sein Lächeln verzeihen würde, wenn er feststellte, dass eine solche Müllsammlung mit so viel Pomp vergöttert wurde und sogar die Kraft besaß, Dämonen auszutreiben! Mit Hilfe dieser Kiste entdeckte der Prinz die groben Zumutungen der Mönche und Dämonen, und Radzvil wurde später ein eifriger Lutheraner. K

Nehmen wir einen anderen Fall, für den wir Scotts „History of the Lives of Protestant Reformers in Scotland" zu verdanken haben. Am östlichen Ende des Dorfes Musselburgh befand sich eine der Jungfrau Maria geweihte Kapelle; Sein richtiger Name war Loretta, obwohl es allgemein Alareit oder Lawreit genannt wurde . Es gab auch eine gleichnamige Kapelle in Perth, und viele leichtgläubige Menschen dieser beiden Orte sowie die Menschen von Loretta in Italien glaubten, dass ihre Kapelle das gleiche kleine Backsteinhaus enthielt wie Maria wohnte in Nazareth und wurde auf wundersame Weise von seinem ursprünglichen Sitz fortgebracht. Zu der jetzt erwähnten Zeit wurde in Edinburgh und den umliegenden Orten angekündigt, dass an einem bestimmten Tag ein Wunder geschehen würde, und daraufhin versammelte sich eine große Anzahl von Personen. An der Außenseite der Kapelle wurde eine Bühne errichtet, auf der schließlich ein offenbar blinder junger Mann vorgeführt wurde. Viele der Anwesenden kannten diese Person und hatten vielleicht oft Mitleid mit seinen Umständen. Nach verschiedenen Gebeten und Zeremonien schienen seine Augen zur Zufriedenheit der Menschen vollkommen wiederhergestellt zu sein. Nachdem er sich bei den Priestern und Ordensbrüdern bedankt hatte, verließ er nun die Bühne und nahm die Glückwünsche des Volkes entgegen, von denen ihm einige Geld schenkten.

Der wahre Charakter der Behandlung seines Falles wird aus der folgenden Erzählung deutlich. Er war ein armer Junge ohne Freunde gewesen, der sich um die Schafe gekümmert hatte, die zu den Ruinen von Scienna oder Sciennes gehörten , etwa eine Viertelmeile von Edinburgh entfernt. Es gehörte zu seinen Vergnügungen, das Weiße in seinen Augen zum Vorschein zu bringen; und das tat er so wirkungsvoll, dass er nach Belieben vollkommen blind wirkte. Die Nonnen sprachen mit einigen Priestern und Brüdern von ihm und sie legten den Plan vor, der später ausgeführt wurde. Das Kind wurde einige Jahre lang vor der Öffentlichkeit geheim gehalten, und als man vermutete, dass es so verändert war, dass es nicht erkannt werden konnte, schickte man ihm einen blinden Bettler aus, begleitet von einer Person, die glaubte, dass er so geboren worden war und zuvor auch so geboren worden war unterstützt von den Nonnen. Gebunden an ein feierliches, aber vorschnelles Gelübde, die Blindheit zu beeinträchtigen, bereiste er eine beträchtliche Zeit lang das Land , bis schließlich, wie bereits erwähnt, der Streich seiner Wiederherstellung gespielt wurde.

Zu den zahlreichen Veröffentlichungen von M. Guizot gehört eine Ausgabe der „Chroniken von Frodvard “, die neben viel historischem Material den Bischöfen von Reims viele Wunder zuschreibt. Einer von ihnen, Bischof Remi, „war im Haus einer wohlhabenden Verwandten und unterhielt sich mit ihr über religiöse Themen, als ihr Butler verkündete, dass es keinen Wein mehr in den Kellern gäbe." Der Bischof sah ihre Verlegenheit, nachdem er zuvor selbst einige der unteren Gemächer betreten hatte, und schlug vor, sie in den Keller zu begleiten. Als sie es betraten, fragte er, ob in einem bestimmten Fass nicht noch etwas Wein sei. Der Butler antwortete, dass es nur genug sei, um es vor dem Verfall zu bewahren. Der Bischof forderte ihn dann auf, die Tür zu schließen und sich nicht von seinem Platz zu rühren. Er ging ans andere Ende des Fasses, das ziemlich groß war, machte das Kreuzzeichen und betete. Bald stieg der Wein aus dem Fass und ergoss sich über den Kellerboden!" Nun zunächst die Tatsache des Besuchs des Bischofs im Keller; Es könnte sein, dass ein Butler, der nicht sehr scharfsinnig ist, nach dem Verschließen der Tür alle Zeugen ausschließen und sich in einiger Entfernung aufhalten soll; und dass ein Verwandter des Bischofs, der leicht zum Konföderierten gemacht werden könnte, verlobt sei; ist sicherlich mehr als ausreichend, um die ganze Geschichte beiseite zu legen. Darüber hinaus schenkte die Dame als Ergebnis des Wunders, das so mancher Zauberer leicht übertroffen hat, einen Teil ihres Vermögens auf ewig dem Bischof und seiner Kirche! Zahlreiche Wunderkinder der römischen Kirche hatten genau das gleiche Problem.

In einer offiziellen und autorisierten römisch-katholischen Veröffentlichung aus dem Jahr 1831 wird uns mitgeteilt, dass in den Jahren 1796 und 1797 nicht weniger als 26 Bilder der Jungfrau Maria in Rom ihre Augen öffneten und schlossen, was ein Hinweis darauf sein sollte Ihre besondere Gunst gegenüber den Einwohnern dieser Stadt für den Widerstand, den sie den Franzosen entgegenbrachten. Zu den Abonnenten dieses Werkes zählen die vier Erzbischöfe und elf Bischöfe Irlands.

„Ein Offizier der britischen Armee beschrieb mir", sagt Mr. Hughes, „eine außergewöhnliche Szene, die er 1811 in Messina miterlebte und die durch ein Bild der Jungfrau in einer von der Bevölkerung sehr verehrten Kirche ausgelöst wurde." Ein Einwohner, der, wie es Brauch war, hineinging, um der Madonna seine Anbetung darzubringen, rannte plötzlich wieder heraus und rief: „ *Die Jungfrau weinte* über das Unglück, das über der Stadt drohte." Die Menschen strömten in Scharen zur Kirche; wann, siehe da! Zu ihrem Erstaunen und Entsetzen liefen der Bericht zufolge die Tränen über die Wangen ihrer geliebten Gönnerin; Daraufhin begann die ganze Menge zu weinen und zu heulen und sich an die Brust zu schlagen, in der Erwartung nichts Geringeres als ein Erdbeben oder eine französische Invasion. Schließlich bemerkte einer, der scharfsinniger als die anderen war, dass etwas Wasser durch das Dach der Kirche floss und auf die Leinwand tropfte, und wies auf den Umstand hin; aber er wäre beinahe ein Opfer seines mangelnden Urteilsvermögens geworden, denn das Volk war entschlossen, ein Wunder zu erleben; Sie konnten auch nicht dazu überredet werden, sich zu zerstreuen, bis der Erzbischof, ein ehrwürdiger alter Mann, eine Leiter bestieg und der Dame mit einer Serviette die Augen wischte; Danach rückte er das Bild in eine senkrechtere Situation und sagte seinem Publikum, dass *ihre Gönnerin* versprochen habe, nicht mehr zu weinen, da die Ursache glücklicherweise beseitigt sei. L

Der Autor von „Rom im 19. Jahrhundert" sagt: „Private Wunder, die Einzelpersonen betreffen, passieren ganz häufig jeden Tag, ohne die geringste Aufmerksamkeit zu erregen. Diese bestehen im Allgemeinen darin, Gewinne in der Lotterie zu erzielen, Krankheiten zu heilen und Teufel auszutreiben. Die Art und Weise, wie diese letzte Beschreibung eines Wunders bewirkt werden kann, wurde mir neulich von einem Abate hier mitgeteilt, und da ich es für äußerst merkwürdig halte, werde ich es Ihnen erzählen.

„Es scheint, dass ein gewisser Mönch während der Fastenzeit eine Predigt über den Zustand der in der Heiligen Schrift erwähnten Frau gehalten hatte, die von sieben Teufeln besessen war, mit so viel Beredsamkeit und Salbung, dass ein einfacher Landsmann, der ihn hörte, nach Hause ging und davon überzeugt war, dass es sieben waren Teufel hatten Besitz von ihm ergriffen. Der Gedanke verfolgte ihn und setzte ihn den schrecklichsten Schrecken aus; bis er, unfähig, seine Leiden zu ertragen, sich seinem geisterhaften Vater öffnete und ihn um Rat fragte. Der Vater, der über einige wissenschaftliche Kenntnisse verfügte, überlegte sich endlich, wie er den ehrlichen Mann gemeinsam von seinen Teufeln und seinem Geld befreien könnte. Er sagte ihm, dass es notwendig sei, die Teufel einzeln zu bekämpfen, und als der arme Mann am festgesetzten Tag mit einer Geldsumme kam – ohne die der gute Vater ihm sagte, dass der Teufel niemals vertrieben werden könne – band er die Kette Er wurde mit einer elektrischen Maschine in einer angrenzenden Kammer um seinen Körper verbunden – damit, wie er sagte, der Teufel nicht mit ihm davonfliegen würde – und nachdem er ihn gewarnt hatte, dass der Schock schrecklich sein würde, wenn der Teufel aus ihm ausströmen würde, ließ er ihn beten andächtig vor einem Madonnenbild; und versetzte ihm nach einiger Zeit einen ziemlich heftigen Schock, bei dem der arme Kerl vor Schreck bewusstlos zu Boden fiel. Sobald er sich jedoch erholt hatte, beteuerte er, dass er gesehen habe, wie der Teufel aus seinem Mund flog und dabei blaue Flammen und Schwefel atmete , und dass er sich sehr erleichtert fühlte. Sieben Elektroschocks in angemessenen Abständen hatten ihm zusammen mit den sieben Teufeln sieben Geldsummen entzogen, der Mann wurde geheilt und ein großes Wunder vollbracht!

„Für uns schien diese Transaktion einerseits ein bemerkenswertes Stück leichtgläubigen Aberglaubens und andererseits betrügerische Gaunerei zu sein; Aber für unseren Freund, den Abate, schien es nur ein genialer Trick zu sein, um einen Einfaltspinsel, über dessen Geist die Vernunft keine Macht haben konnte, von seinen Ängsten zu heilen – so wie der Arzt eine Dame heilte, die sich einbildete, sie hätte ein Nest lebender Ohrwürmer in ihrem Bauch, was nicht der Fall war indem er mit ihr über die Absurdität einer solchen Vorstellung stritt, sondern indem er ihr zeigte, dass ein Ohrwurm durch einen einzigen Tropfen Öl getötet wurde, und sie dazu brachte, eine Menge davon zu schlucken.

„Aber in Bezug auf den Mann und seine Teufel würde ich fragen: Warum inspirieren sie abergläubische Schrecken, sie durch Täuschung zu besiegen, und warum lassen sie ihn so viel Geld bezahlen? Doch das ist nichts im Vergleich zu anderen alltäglichen Dingen.“

In einigen Provinzen Frankreichs sollen ständig Wunder geschehen, und die Bauern nehmen blindlings alle Extravaganzen auf sich, die ihnen vor Augen geführt werden. In der kleinen Stadt Fécamp gibt es einen Brunnen, dessen Wasser Wunder wirken soll; und jedes Jahr strömen Tausende von Pilgern aus dem Nachbarland dorthin . Der Pfarrer verteilt an jeden eine Flasche dieses Wassers, begleitet von einigen lateinischen Wörtern und erhält zwei Sous für seine Mühe. Das ist eine beachtliche Summe. In einer anderen Stadt, Andelys , gibt es ebenfalls einen Brunnen, der angeblich einmal im Jahr die souveräne Wirkung besitzt, Rheuma, Lähmungen und nervöse Erkrankungen zu heilen. Die Pilger tauchen das erkrankte Glied entweder ins Wasser oder stürzen sich ganz hinein und folgen anschließend der Prozession in ihrer nassen Kleidung.

Im Juni 1824 gab es in einem kleinen Dorf namens Artes in der Nähe von Hostalrich , etwa zwölf Meilen von Barcelona entfernt, einen Konstitutionalisten und damit einen Gegner der herrschenden Macht, mit der die Priesterschaft vollständig identifiziert wurde. Als dieser Mann im Sterben lag, rief sein Bruder den Pfarrer an und bat ihn, zu kommen und die Sakramente zu spenden. Der Pfarrer lehnte ab; bekräftigte, dass der Bruder als Konstitutionalist ein Bösewicht, ein gottloser Schurke, ein Feind Gottes und der Menschen war; er war verloren, ohne Gnade, und deshalb war es sinnlos, ihn zu bekennen. Der Bruder fragte, woher diese Informationen stammten; Die Antwort war, dass Gott selbst dies dem Pfarrer während des Messopfers gesagt habe. Vergebens wiederholte der Bruder seine Bitten ; Der Pfarrer war unerbittlich. Einige Tage später starb der Konstitutionalist, und der Bruder verlangte für den Leichnam die Bestattungsriten. Der Pfarrer weigerte sich mit der Begründung, die Seele des Verstorbenen sei verloren gegangen und es sei vergeblich gewesen, den Leichnam beizusetzen; und fügte hinzu: „Denn in der Nacht werden die Teufel kommen und es wegtragen; und in vierzig Tagen wird dir selbst das gleiche Schicksal widerfahren."

Der Spanier nahm diese Erklärung nicht mit unbedingtem Glauben auf, sondern wachte mit gewecktem Verdacht die Nacht über mit geladenen Pistolen neben der Leiche seines Bruders. Zwischen zwölf und ein Uhr hörte man ein Klopfen an der Tür und eine Stimme rief: „Ich befehle dir, die Tür zu öffnen, im Namen des lebendigen Gottes!" Offen! Wenn nicht, steht Ihr sofortiger Ruin bevor." Der Spanier lehnte ab; Und kurz darauf sah er durch das Fenster drei Gestalten eintreten, bedeckt mit Häuten wilder Tiere und versehen mit Hörnern, Klauen und Schwänzen; und als sie gerade dabei waren, den Sarg mit der Leiche wegzutragen, feuerte der Spanier und erschoss einen von ihnen; die anderen flohen; er schoss ihnen nach und verwundete beide. Einer von ihnen starb innerhalb weniger Minuten, der andere entkam. Am Morgen wurde eine Entdeckung gemacht: Die Leute gingen zur Kirche, aber es gab keinen Pfarrer, der den Amt ausüben konnte. Kurz darauf stellte sich bei der Untersuchung der Erschossenen heraus, dass einer der Pfarrer und der andere der Pfarrer war. Der Verletzte war der Mesner, der die ganze

Verschwörung gestand. Der Fall wurde vor die Tribüne von Barcelona gebracht . M

Und doch kämpft die römische Kirche in dieser Stunde, trotz der häufigen Aufdeckung ihrer bösen Vorspiegelungen , so ernsthaft wie je zuvor um den Besitz wundersamer Gaben. Da es den Anspruch erhebt, unveränderlich zu sein, ist dies offenbar sein einziger Weg. Dementsprechend wurde von den letzten Personen, die erst vor wenigen Jahren in den römischen Kalender aufgenommen wurden, bestätigt, dass sie Wunder gewirkt haben. Der Zeitpunkt der Heiligsprechung wird klugerweise auf zwei Jahrhunderte nach dem Tod der Parteien verschoben; aber es ist nicht schwer zu erkennen, dass alle erklärten Abweichungen von den Naturgesetzen, die den Heiliggesprochenen zugeschrieben werden, gottlose Vorspiegelungen sind . Dr. Harsnett , der spätere Erzbischof von York, sagte vor langer Zeit: „Niemand außer dem Papst und seinen Gelehrten kann ein Wunder vollbringen , und er und seine Priester können ein Wunder so leicht bewirken , wie ein Eichhörnchen eine Nuss knacken kann .“ Ein Wunder im Brot, ein Wunder im Wein, ein Wunder im heiligen Wasser, ein Wunder im heiligen Öl , ein Wunder in Lampen, Kerzen, Perlen , Knochen, Steinen; nichts wird in der Religion ohne ein Wunder und ein Laster getan.“ Und sogar Petrarca schrieb so:

„Quelle der Trauer, Wohnort des Zorns,

Schule der Irrtümer und Tempel der Häresie;

Früher Rom, jetzt Babylon, falsch und schuldig;

Durch den so viele Tränen und Seufzer gehen;

O Meisterin der Täuschung; O Gefängnis des Zorns,

Wo das Gute zugrunde geht und das Schlechte geschätzt und gezeugt wird,

Hölle der Lebenden! Es wird ein großes Wunder sein

Wenn Christus nicht endlich zornig auf dich ist.“

Erst zu Beginn des Jahres 1847 soll die Jungfrau Maria im Bezirk Grenoble zwei Hirten erschienen sein. Das sogenannte Wunder wurde weit und breit verkündet, und eine eingravierte Darstellung der Erscheinung wurde weit verbreitet. Das war aber noch nicht alles: Es wurde gesagt, dass die Jungfrau während des Interviews auf einem Stein saß und dass, als dieser zerbrochen wurde, nachdem sie gegangen war, im Inneren ein Bild unseres Herrn gefunden wurde! Doch welche Fakten wurden seitdem entdeckt? Dass die Priester eine Dame anstellten, um die Jungfrau darzustellen; und dass die Figur im Stein von einem französischen Offizier gezeichnet wurde, der sie mit einem Begleiter aus Spaß an dieser Stelle platzierte; So wie in Italien Gegenstände moderner Herstellung vergraben und dann ausgegraben werden, um bei Unvorsichtigen als wirklich antik ausgegeben zu werden! In solchen Fällen wird jedoch häufig Geld verdient; während die französischen Offiziere keine Söldnerabsichten hatten.

Wir schließen diese Enthüllungen mit einem angeblichen Wunder der griechischen Kirche. In der Grabeskirche in Jerusalem findet jedes Jahr eine Zeremonie statt, zu der viele Menschenströme kommen. Die griechischen Priester behaupten, dass an einem bestimmten Tag ein heiliges Feuer vom Grab ausgeht : Die in Jerusalem versammelten Pilger kommen daher dorthin, um ihr Feuer anzuzünden; Diese werden dann gelöscht und sorgfältig aufbewahrt, um bei ihrer Beerdigung dem in den Jordan getauchten Kleidungsstück hinzugefügt zu werden. Alle warten jedoch auf die Ankunft des türkischen Gouverneurs; denn „bis er kommt, wird das Wunder sicherlich nicht geschehen."

Um einige Reisende zu zitieren , die im Jahr 1846 bei der Zeremonie anwesend waren, wurde uns mitgeteilt, dass „es eine sehr bemerkenswerte Szene war." Der große Bereich der Kirche war dicht bevölkert; aber um das Grab herum wurde ein etwa vier Fuß breiter Raum von einer Doppelreihe türkischer Soldaten freigehalten. In kurzen Zeitabständen traten eine Reihe verliebter und hocherregter Männer und Jungen ein und rannten mit verzweifelter Energie umher und schrien und hallten wie so viele Wahnsinnige. Einige standen aufrecht auf den Schultern eines Freundes, der mit den anderen lief, bis ein unglücklicher Sturz beide zu Boden warf. Besonders auffällig war ein alter Mann; Im Allgemeinen führte er die anderen an und schien eher für eine Zwangsweste als für die Führung einer religiösen Prozession geeignet zu sein. Er tanzte, schrie und warf sich in alle möglichen Posen. Schließlich bestieg er einen anderen verzweifelten Anhänger und drängte ihn zu Höchstgeschwindigkeit. Sie setzten ihren wahnsinnigen Kurs fort, bis er heftig gegen zwei der Soldaten geworfen wurde . Sie packten ihn an den Haaren auf seinem Kopf und zerrten ihn aus der Kirche. Nach ein paar Minuten kam er jedoch zurück und war empörender als zuvor. So war die Kirche zwei Stunden lang ein Schauplatz des Lärms, der Verwirrung und der hektischen Aufregung. Um zwei Uhr traf der Gouverneur ein und nahm ruhig seinen Platz ein. Die rennenden Pilger wurden von der Strecke vertrieben, und kurz darauf marschierte eine Prozession von Priestern, angeführt vom Patriarchen und gefolgt von einer bunt zusammengewürfelten Gruppe zerlumpter Kerle mit schäbigen Bannern, dreimal langsam umher und rezitierte einige Gebete. Der Patriarch war ein grauhaariger alter Mann mit einem listigen Gesichtsausdruck; Sein bloßer Blick schien zu sagen: „Ich bin dabei zu lügen – was für Dummköpfe seid ihr, das zu glauben!" In der Seite der kleinen Kapelle, die über dem Grab errichtet wurde, befindet sich ein kreisförmiges Loch ; In der Nähe stand ein Mann, beschützt von den Soldaten. Er war ein reicher Pilger, wahrscheinlich ein Armenier, der großzügig für das Privileg bezahlt hatte, der Erste zu sein, der seine Kerzen am heiligen Feuer anzündete. Nachdem der alte Patriarch die meisten seiner schönen Annehmlichkeiten abgelegt hatte, betrat er allein das Heiligtum. Eine Minute später schob er durch das Loch eine Menge brennende Baumwolle, getaucht in Weingeist; Der begünstigte Pilger zündete eifrig ein Bündel Kerzen an und eilte, von den Soldaten eskortiert, aus der Kirche. Die Aufregung war jetzt auf ihrem Höhepunkt; Es folgte eine Szene, die sich kaum beschreiben lässt. Es gab einen gewaltigen Ansturm auf die Flamme, die immer noch vom Patriarchen gehalten wurde, und jeder bemühte sich, wer seine Kerze am frühesten anzünden sollte. Wer das Hauptquartier nicht erreichen konnte, musste sich bei den Glücklicheren Licht besorgen, und schon nach drei Minuten standen die Kirche und die angrenzenden Kapellen in Flammen. Tausende von Wachskerzen und Fackeln glitzerten im Raum; Einige hatten vierzig oder fünfzig zusammengebundene lange, dünne Kerzen, die als wertvolle Geschenke für Freunde zu Hause gedacht waren. Es war, für eine gewisse Zeit, wie Chaos losgelassen wurde: Einige knieten in ekstatischer Anbetung, andere schrien, tanzten und sprangen; Die Eifereren steckten die Flamme in den Mund oder hielten sie auf ihr Gesicht oder ihre nackte Brust. Es wird behauptet, dass das heilige Feuer niemanden verbrennt oder verletzt , aber Herr Dalton bemerkte, dass nur wenige es lange genug in der Nähe hielten, um ihm eine faire Prüfung zu ermöglichen. Innerhalb von zehn Minuten war jede Kerze ausgelöscht und die Pilger zerstreuten sich und trugen die kostbaren Reliquien weg." N

In früheren Teilen dieses Bandes wurde gezeigt, dass überraschende Effekte häufig zum Vergnügen anderer oder aus der Gier nach Gewinn und Berühmtheit hervorgerufen werden, die bei gefallenen Menschen so üblich ist. Und überall dort, wo wahre Frömmigkeit nicht wirksam ist – die Frömmigkeit, die sich in höchster Liebe zu Gott und reiner und umfassender Güte gegenüber den Menschen zeigt –, wird es zweifellos eine Manifestation des „Geistes" geben, der in „den Kindern des Ungehorsams" wirkt. „Wer Rechtschaffenheit tut, ist gerecht, wer aber Sünde begeht , ist vom Teufel; denn der Teufel sündigt von Anfang an", 1. Johannes III. 7, 8.

Zu den Übertretern aller Zeiten sagt unser Herr immer noch: „Ihr seid von eurem Vater, dem Teufel, und die Begierden eures Vaters werdet ihr tun", Johannes VIII. 44. Und die Knechtschaft gegenüber dem „Gott dieser Welt" bringt über seine Gefangenen, ob alt oder jung, reich oder arm, unterwiesen oder ungebildet, nicht nur Schuld, sondern auch Elend; während „das Ende dieser Dinge der Tod ist", Röm. vi. 21.

Aber wenn wir gottlose Vorwände sehen, die eingesetzt werden, um den Geist der Menschen in erniedrigendster Vasallenschaft zu halten, sehen wir eine schreckliche Zurschaustellung enormer Schuldgefühle, die durch eine vorsätzliche Unterwerfung unter den „Vater der Lügen" angehäuft werden. Satan war „von Anfang an ein Lügner". Um seine Ziele zu erreichen, kann er „sich in einen Engel des Lichts verwandeln"; und dennoch führt er Scharen „nach seinem Willen gefangen". Wunderbar ist die Nachsicht des Obersten Herrschers des Universums, der ihn nicht sofort von seinen Widersachern befreit, sondern dennoch reichlich und freigebig die Segnungen der Erlösung einer Welt anbietet, die im Bösen liegt. Wer wünscht sich nicht, dass die Güte Gottes die größten Übertreter zur Reue führt? Und da ein Akt der Unterwerfung unter den Fürsten der Macht der Luft ein schrecklicher Schritt in Richtung einer absoluten und ewigen Knechtschaft ist , ist es für jeden von uns angebracht, diejenigen nachzuahmen, die sagen könnten: „Wir sind uns seiner Pläne nicht unwissend." ständig vor dem Thron der Gnade die Bitte zu verkünden: „Führe uns nicht in Versuchung, sondern erlöse uns vom Bösen." und bedingungslos auf Ihn zu vertrauen, der am Kreuz „die Fürstentümer und Gewalten verdorben, sie offen zur Schau gestellt und darin über sie triumphiert hat", 2. Kor. ii. 11; Matt. vi. 13; Spalte ii. 15.

KAPITEL XI.

Wahre Wunder – Ein von Erzbischof Tillotson definiertes Wunder – Die Wunder von Moses – Die Wunder unseres Herrn Jesus Christus – Die Wunder der Apostel – Zusammenstoß mit denen, die vorgaben, übernatürliche Kräfte zu haben – Die Magier Ägyptens – Magische Künste in Ephesus – Das Wunderbare Kraft des Erlösers innewohnend, die der Propheten und Apostel abgeleitet – Beendigung wundersamer Gaben.

WIR beginnen nun mit einer kurzen Betrachtung unbestreitbarer Wunder. So wie die göttliche Offenbarung einigen Personen gewährt wurde, die sie der gesamten Menschheit verkünden sollten, so wurde ihnen durch Wunder das breite Siegel des Himmels auferlegt, während heilige Männer Gottes sprachen , bewegt vom Heiligen Geist Zeugnis. So wie die Unterschrift eines Mannes seiner Bindung Gültigkeit verleiht oder das Beglaubigungsschreiben eines Botschafters sein Recht beweist, die Geschäfte seines Souveräns abzuwickeln; So beweisen die übernatürlichen Werke, die die Propheten, unser Herr Jesus Christus und seine Apostel vollbrachten, denjenigen, die sie miterlebten, ebenso deutlich, dass die Worte, die sie hörten, von Gott kamen, als hätten sie ihm zugehört, als er sie mit einem Hörinstrument verkündete Stimme aus der hervorragenden Herrlichkeit; während alle, denen ihr Zeugnis treu übermittelt wurde, das gleiche Vertrauen hegen können.

Erzbischof Tillotson hat treffend bemerkt, dass „bei einem Wunder zwei Dinge notwendig sind: dass es eine übernatürliche Wirkung geben muss und dass diese Wirkung spürbar sein sollte." Er fügt hinzu: „Weder in der Heiligen Schrift noch bei profanen Autoren noch im allgemeinen Sprachgebrauch wird irgendetwas Wunder genannt, außer was unter die Wahrnehmung der Sinne fällt; Ein Wunder ist nichts anderes als eine übernatürliche, sinnlich wahrnehmbare Wirkung, deren großes Ziel und Ziel darin besteht, der sinnliche Beweis und die Überzeugung von etwas zu sein, das wir nicht sehen." Die Kirche von Rom bekräftigt, dass in der Feier der Messe Brot und Wein in den Leib und das Blut, die Seele und die Göttlichkeit unseres Herrn Jesus Christus verwandelt werden; obwohl sie genau das gleiche Aussehen behalten, das sie vor der angeblichen Änderung hatten. Daher argumentiert derselbe Autor: „Da es keine übernatürliche Wirkung gibt, die für die Sinne sichtbar ist, ist die Transsubstantiation kein Wunder; Ein Zeichen oder ein Wunder ist immer eine vernünftige Sache, sonst könnte es kein Zeichen sein. Nun, dass eine solche Veränderung in der Transsubstantiation wirklich herbeigeführt wurde und es dennoch kein Anzeichen dafür gab, ist etwas ganz Wunderbares; aber nicht zum Fühlen, denn unsere Sinne nehmen keine

Veränderung wahr. Und dass etwas dem Anschein nach so bleibt, wie es war, daran ist überhaupt nichts Wunderbares. Wir wundern uns zwar, wenn wir etwas Seltsames geschehen sehen, aber niemand wundert sich, wenn er sieht, dass nichts geschehen ist."

Zahllos waren die Wunder, die Jehova in der Antike zugunsten seines auserwählten Volkes vollbrachte. Vergebens wendet der Ungläubige ein, dass der Inhalt der Bücher Mose *möglicherweise* nicht wahr sei; denn wenn sie falsch gewesen wären, wäre es absolut unmöglich gewesen, dass sie irgendeinen Kredit hätten erlangen können. Die Zahl der Menschen muss sich auf drei Millionen belaufen haben, und jeder erwachsene Mensch war ein kompetenter Richter darüber, ob die Dinge, die in seiner eigenen Erinnerung geschehen waren, wirklich geschehen waren.

Die Israeliten hätten nicht geglaubt, dass das Rote Meer geteilt wurde, um ihnen eine Passage zu ermöglichen – dass sie während ihrer vierzigjährigen Pilgerreise durch die Wildnis tagsüber von einer wunderbaren Wolke geführt und nachts zu einem Feuer geworden waren, das ihren Glanz umgab – dass sie mit Manna vom Himmel versorgt worden seien, das an sechs aufeinanderfolgenden Tagen rund um ihr Lager gefallen sei, und am letzten von ihnen mit einer doppelten Menge, um zu verhindern, dass es am Sabbat gesammelt werde – dass Gott sein Gesetz auf dem Berg veröffentlicht habe, der dies nicht tun dürfe berührt werden, inmitten von Donner, Blitz und Unwetter – und dass er seine Übertretung mit schrecklichen Plagen bestraft hatte –, wäre es für sie absolut unmöglich gewesen, diese Dinge zu glauben, wenn die gesamte Erzählung eine Fiktion gewesen wäre. Eine Romanze hätte ihren Spott erregt, und das Joch, das ihnen aufgrund der Erfindung um den Hals gelegt werden sollte, wäre mit größter Empörung zurückgewiesen worden. Es ist auch moralisch unmöglich, dass die Bücher Moses in der Zeit unmittelbar nach seinem Tod hätten erhalten werden können, wenn ihr Inhalt falsch gewesen wäre; und es ist höchst unwahrscheinlich, dass sie, obwohl wahr, als seine Schriften angesehen worden wären, wenn sie von einer anderen Person in seinem Namen verfasst worden wären und erst erschienen wären, als er in seinem Grab lag.

Es wäre leicht zu zeigen, dass die aufgezeichneten wundersamen Taten ausdrücklich auf göttliches Wirken zurückzuführen sind. Zur Veranschaulichung können die folgenden Passagen herangezogen werden: „Ich bin der Herr, dein Heiliger, der Schöpfer Israels, dein König." „ So spricht der Herr, der einen Weg im Meer und einen Pfad in den mächtigen Wassern macht ." Dies spielt höchstwahrscheinlich auf den Durchzug Israels durch das Rote Meer und anschließend auf die Überquerung des Jordan an, wobei beide Ereignisse zweifellos wundersam waren.

Dass ein großes Ziel, das der Erlöser bei seinen Wundern im Auge hatte, darin bestand, überzeugende Beweise für seine göttliche Mission zu liefern, geht aus dem einheitlichen Tenor der inspirierten Erzählungen hervor. Nikodemus argumentierte zu Recht, als er sagte: „Rabbi, wir wissen, dass du ein von Gott gekommener Lehrer bist; denn niemand kann diese Wunder tun, die du tust, außer Gott sei mit ihm." Johannes III. 2. Die gleiche Überzeugung hatten die Hohenpriester und die Pharisäer, denn sie sagten nach der Auferstehung des Lazarus: „Dieser Mann tut viele Wunder. Wenn wir ihn so in Ruhe lassen, werden alle an ihn glauben", Johannes XI. 47, 48. Unser Herr selbst beruft sich auf seine Wunder: „Ich habe ein größeres Zeugnis als das von Johannes für die Werke, die der Vater mir gegeben hat, um sie zu vollenden, dieselben Werke, die ich bezeuge, die der Vater gesandt hat." Ich", Johannes V. 36. Es ist daher unmöglich, dass eine Aussage klarer und entscheidender sein könnte . Der Anspruch unseres Herrn, geglaubt zu werden, beruht auf den Wundern, die er vollbracht hat. Wiederum sagt er: „Wenn ich unter ihnen nicht die Werke getan hätte, die kein anderer Mensch getan hat, hätten sie keine Sünde gehabt; aber jetzt haben sie keinen Deckmantel für ihre Sünde." So sehen wir, dass die Wunder, die Christus vollbrachte, beispiellos waren. Er heilte die Kranken, er drang durch seine eigene unendliche Kraft in die Gedanken der Menschen ein. Und daher zeigte sich der Unglaube derer, die seine gewaltigen Taten miterlebten, in seiner ganzen verschärften und nackten Ungeheuerlichkeit; „Ihre Sünde blieb." Aber im direkten Gegensatz dazu hätte es ein Plädoyer für den Unglauben gegeben, wenn man behauptet hätte, Wunder seien wahr. Wäre es eine Tatsache statt einer Fabel gewesen, dass Äskulap in seinem Orakel eine Krankheit geheilt hatte, oder dass der Gott des Orakels von Klaros die Gedanken der Menschenherzen gekannt hatte, dann und nur dann hätte es einen Deckmantel dafür gegeben ihre Ungerechtigkeit.

Würden wir ein Wunder als Beweis dafür auswählen, dass Jesus vom Vater gesandt wurde und dass sein Werk angenommen wurde? und darüber hinaus von der Sinnlosigkeit aller Einwände, die dagegen erhoben werden können; es sollte die Auferstehung des Herrn Jesus Christus sein. „Sehen Sie", sagt Saurin , „wie viele extravagante Annahmen aufgestellt werden müssen, wenn die Auferstehung unseres Erlösers geleugnet werden soll." Man muss annehmen, dass die Wachen, die von ihren Offizieren besonders gewarnt worden waren, sich zum Schlafen hinsetzten; und dass sie dennoch Anerkennung verdienten, als der Leichnam Jesu gestohlen wurde. Man muss annehmen, dass Männer, denen man auf die abscheulichste und grausamste Weise der Welt aufgedrängt wurde, ihre liebsten Freuden für den Ruhm eines Betrügers aufs Spiel setzten. Man muss annehmen, dass unwissende und ungebildete Männer, die weder Ruf noch Vermögen noch Beredsamkeit besaßen, die Kunst besaßen, die Augen der ganzen Kirche zu fesseln. Es muss angenommen werden, dass entweder fünfhundert Personen gleichzeitig alle ihrer Sinne beraubt wurden oder dass sie alle in den einfachsten Tatsachen getäuscht wurden; oder dass diese Vielzahl falscher Zeugen das Geheimnis herausgefunden hatte, sich selbst oder einander niemals zu widersprechen und in ihren Aussagen immer einig zu sein. Es muss davon ausgegangen werden, dass selbst die erfahrensten Gerichte nicht in der Lage waren, in einer offensichtlichen Betrügerei auch nur den Hauch eines Widerspruchs zu entdecken. Man muss annehmen, dass die Apostel, in anderen Fällen vernünftige Männer, genau die Orte und Zeiten wählten, die für ihre Ansichten am ungünstigsten waren . Es muss davon ausgegangen werden, dass Millionen wahnsinnig Inhaftierungen, Folterungen und Kreuzigungen erlitten haben, um eine Illusion zu verbreiten. Man muss annehmen, dass zehntausend Wunder zugunsten von Unwahrheiten gewirkt wurden, oder alle diese Tatsachen müssen geleugnet werden. Und dann muss man annehmen, dass die Apostel Idioten waren, dass die Feinde des Christentums Idioten waren und dass alle Urchristen Idioten waren.“

Die Apostel unseres Herrn waren mit wundersamen Kräften ausgestattet: „Auch Gott bezeugte sie mit Zeichen und Wundern und mit mancherlei Wundertaten und Gaben des Heiligen Geistes, nach seinem eigenen Willen“, hebr. ii. 4. Da die Apostel einen direkten und eindeutigen Anspruch auf wundersame Kräfte geltend machten und im Neuen Testament erklärt wird, dass diese von ihnen ausgeübt wurden, würde eine Falschheit, wenn sie bewiesen würde, die Wahrhaftigkeit ihrer Schriften und die Gültigkeit aller ihrer Schriften zerstören Lehren und Gebote, die sie enthielten. Aber lassen Sie den Fall gebührend abwägen, und es wird sich zeigen, dass es absolut unmöglich war, ihre Ansprüche durch Kunstgriffe und Schikanen zu untermauern. Einige wenige könnten getäuscht werden, ein Imperium jedoch nicht; und groß muss die Vernarrtheit sein, anzunehmen, dass ein paar unbekannte Männer die Augen der Menschen, unter denen sie lebten, blind machen könnten. Angesichts der größten Feindseligkeit, inmitten der größten Gefahren, trotz grausamer Verfolgung und mit der Kreuzigung ihres Herrn vor ihren Augen hätten sie nicht die Ausübung wundersamer Kräfte beanspruchen können, wenn sie nicht tatsächlich besessen gewesen wären . Wäre es möglich gewesen, der Entdeckung zu entgehen, wenn sie den Romanisten ähnelten, auf die wir uns bezogen haben?

Es ist eine besondere Erwähnung wert, dass uns in der heiligen Geschichte mehr als ein Bericht darüber gegeben wird, wie die Boten Gottes mit denen zusammenstießen, die vorgaben, übernatürliche Kräfte zu haben. So kam es zu einem denkwürdigen Wettstreit zwischen Moses und den Zauberern am Hofe des Pharao. Es gibt unterschiedliche Meinungen darüber, mit welchen Mitteln die letzteren ihre Taten vollbrachten. Einige behaupten, es handele sich nur um Tricks, andere behaupten, dass böse Geister am Werk seien. Auf diese kontroverse Frage gehen wir nicht ein; Für den vorliegenden

Zweck genügt die Bemerkung, dass die Überlegenheit der Diener Jehovas über jeden Zweifel erhaben war. Der Stab Aarons verschlang die Stäbe der Zauberer; Angesichts der Fliegenplage und des Schmutzes auf dem Vieh mussten sie sagen: „Das ist der Finger Gottes." und schließlich „konnten sie vor Moses wegen der Beulen nicht bestehen, denn die Beulen waren auf den Zauberern und allen Ägyptern", 2. Mose. ix. 11.

Ein weiterer Fall aus einem späteren Datum ist ebenso schlüssig. Das Evangelium wurde in Ephesus verkündet, wo die Künste besonders deutlich zur Geltung kamen, die vorgaben, die Geheimnisse der Natur zu enthüllen und die Hand des Menschen mit übernatürlichen Kräften auszustatten. Tatsächlich gab es im Zeitalter unseres Herrn und seiner Apostel zahlreiche angebliche Anhänger der okkulten Wissenschaften; Sie reisten von Land zu Land und wurden in großer Zahl in Asien gefunden, wo sie die leichtgläubige Menge täuschten und von ihren Erwartungen profitierten. Manchmal handelte es sich um Juden, die ihr Können und sogar ihre Vorgehensweise auf Salomo zurückführten, der im Osten noch immer als Oberhaupt oder Fürst der Zauberer gilt. In Kleinasien genoss Ephesus einen hohen Ruf für magische Künste. Hier also „wirkte Gott durch die Hände des Paulus besondere Wunder." Die Anziehungskraft auf die Wundertäter eines Landes, das einen so prächtigen Diana-Tempel besaß, dass er zu den Weltwundern gezählt wurde, war einzigartig auffallend. Da die Epheser daran gewöhnt waren, durch einige Arten von Magie seltsame Ergebnisse zu erzielen, schrieben sie Wunder natürlich einer ähnlichen Wirkung zu. Daher war es notwendig, dass die Wunder, die als Ausweis des Christentums dienen sollten, besonders hervorgehoben und außerhalb der Reichweite all ihrer Zauber und Beschwörungen platziert werden sollten. Und es scheint ein nicht weniger bemerkenswertes, weil leicht zu übersehendes Beispiel für die Anpassung der Mittel an einen Zweck zu sein, dass in Ephesus, wo vor allem auf Magie zurückgegriffen wurde, die Kräfte ausreichten, die den ersten Verkündern der erlösenden Barmherzigkeit verliehen wurden um sie in unermesslichem Abstand über die vollendetsten Zauberer zu stellen.

Eine andere Tatsache verdient gleichermaßen Aufmerksamkeit. Bestimmte Juden, die in diesem Land reisten und vorgaben, die bösen Geister auszutreiben, die häufig die Körper der Menschen besessen hatten, übernahmen es als bekennende Exorzisten, den Namen des Herrn Jesus zu gebrauchen, da dieser von ihnen mit Erfolg verwendet wurde Apostel Paulus. Unter diesen befanden sich die sieben Söhne des Juden Sceva , die im Namen Christi einen bösen Geist ansprachen, vielleicht weil sie dachten, dass ihre Zahl ihrer Beschwörung besondere Kraft verleihen würde. Der Geist antwortete jedoch: „Jesus, ich weiß, und Paulus, ich weiß, aber wer seid ihr?" Er begnügte sich auch nicht damit, sich diesem Ausschluss zu widersetzen; denn indem er den Mann, in dem er wohnte, dazu brachte, übernatürliche

Kräfte zu entwickeln, „sprang er auf die jungen Männer und überwältigte sie und zwang sie, nackt und verwundet aus dem Haus zu fliehen." Diese Tatsachen wurden bald berüchtigt; Die in Ephesus lebenden Juden und Griechen wurden gleichermaßen in Angst und Schrecken versetzt. Der stärkste Appell richtete sich an diejenigen, die es gewohnt waren, Zaubersprüche und Beschwörungsformeln zu verwenden; und viele wurden sofort dazu gebracht, ihre Zauberkünste aufzugeben.

Sehr berühmt waren die „Ephesischen Buchstaben", bei denen es sich anscheinend um eine Art magische Formel handelte, die auf Papier oder Pergament geschrieben war und dazu bestimmt war, als Amulette an verschiedenen Körperteilen wie den Händen und dem Kopf befestigt zu werden. Erasmus sagt, dass es sich um bestimmte Zeichen handelte, die ihren Besitzer in allem siegreich machten. Eustatius erwähnt die Meinung, dass Krösus , als er auf seinem Scheiterhaufen lag, von deren Verwendung sehr profitiert hatte; und dass, als ein Milesianer und ein Ephesuser bei den Olympischen Spielen kämpften, ersterer keinen Vorteil erlangen konnte, da letzterer ephesische Buchstaben um seine Ferse gebunden hatte; Als diese jedoch entfernt wurden, verlor er seine Überlegenheit und wurde dreißigmal geworfen. Viele davon gehörten wahrscheinlich zu den Büchern, von denen wir lasen, Apostelgeschichte XIX. 19; während andere höchstwahrscheinlich mit Beschreibungen der vorherrschenden Methoden zur Ausübung von „Verzauberungen" beschäftigt waren. Aber alle wurden prompt und fröhlich den Flammen übergeben. So wurde die Aufrichtigkeit der Bekehrten durch kein unbedeutendes Opfer deutlich, denn als sie den Preis dieser Bücher zählten, fanden sie „fünfzigtausend Silberlinge". So mächtig wuchs das Wort Gottes und setzte sich durch."

Dass es einen Unterschied zwischen den Handlungen der Apostel und der Entscheidungsfreiheit unseres Herrn gab, sollte klar erkannt werden. Die Macht des Erlösers war inhärent – die der Apostel war abgeleitet. Wie deutlich zeigt sich die wundersame Wirkung Christi in der Heilung des Aussätzigen! „Herr, wenn du willst", sagte er zum Erlöser , „kannst du mich reinigen." Jesus antwortete: „Ich will – sei rein", und sofort wurde er geheilt. Unser Herr wandte sich nicht an eine andere Macht. Tatsächlich erhob er am Grab des Lazarus „seine Augen und sprach: Vater, ich danke dir, dass du mich erhört hast." Aber dieses Gebet scheint nicht für ihn selbst gesprochen worden zu sein, sondern für diejenigen, die ihn umgaben und die ein solches Siegel für seine Mission brauchten, um ihren Glauben zu festigen. Deshalb fügte er hinzu: „Und ich weiß, dass du mich immer erhörst ; aber wegen des Volkes, das bei mir steht, habe ich es gesagt, damit sie glauben, dass du mich gesandt hast." Und wie bei anderen Gelegenheiten sagte er: „Deine Sünden sind dir vergeben" – „ Steh auf, nimm dein Bett und geh." – „Ich befehle dir, aus ihr herauszukommen", so rief er jetzt mit lauter Stimme: „Lazarus." , hervorkommen. Und der Verstorbene kam heraus, mit Grabtüchern an Händen und Füßen gefesselt, und sein Gesicht war mit einem Tuch umwickelt. Jesus spricht zu ihnen: Lasst ihn los und lasst ihn gehen", Johannes XI. 42–44.

Unser Herr hatte zuvor gesagt: „Deshalb liebt mich mein Vater , weil ich mein Leben gebe, damit ich es wieder nehmen kann." Niemand nimmt es von mir, aber ich gebe es von mir selbst ab. Ich habe die Macht, es niederzulegen, und ich habe die Macht, es wieder anzunehmen. „Dieses Gebot habe ich von meinem Vater erhalten", Johannes x. 17, 18. Ebenso sagte Jesus zu Martha: „Ich bin die Auferstehung und das Leben. Wer an mich glaubt, wird leben, auch wenn er tot wäre. Und wer lebt und an mich glaubt, wird in Ewigkeit nicht sterben . „Johannes xi. 25, 26. Wie auffallend gegensätzlich war die Sprache der Apostel! Im Fall des Lahmen, der am schönen Tor des Tempels lag, sagte Petrus: „Silber und Gold habe ich nicht; aber was ich habe, gebe ich dir: Im Namen Jesu Christi von Nazareth, stehe auf und wandle." Diese Worte, die anlässlich des ersten Wunders der Apostel geäußert wurden, brachten das große Prinzip zum Ausdruck, nach dem sie einander vollbrachten, und den Geist, in dem sie all ihre Wundertaten vollbrachten.

Der Apostel legte wie der Prophet seine Autorität nieder und gab sein Amt mit dem Leben auf; Aber unser Herr Jesus Christus übte seine Macht nicht nur inmitten seiner letzten Leiden und seines Todes aus, sondern weitete seine Autorität über das Grab hinaus aus. „Ich gebe mein eigenes Leben hin; Niemand nimmt es mir; Ich habe die Macht, es niederzulegen, und ich habe die Macht, es wieder anzunehmen." Und obwohl er sagte: „Dieses Gebot habe ich von meinem Vater erhalten", fügte er auch hinzu: „Ich und mein Vater sind eins" – „ dadurch ", wie die Juden deutlich erkannten, „sich Gott gleich zu machen."

Sogar die Vielfalt der Gaben, die unter primitiven Heiligen verteilt wurden, bewies die unendlichen Ressourcen dessen, von dem sie gewährt wurden. Obwohl vom Heiligen Geist verliehen, wurden sie durch das Blut erkauft und durch die Gnade des Sohnes Gottes versorgt. Über die Ausgießung des Geistes und ihre Folgen sagte Jesus: „Er wird von dem Meinen empfangen und es euch zeigen." Am nachdrücklichsten erhebt er Anspruch auf die ganze Fülle der Gottheit, wenn er hinzufügt: „Alles, was der Vater hat, ist mein; darum habe ich gesagt, dass er von meinem nehmen und es euch zeigen soll." So bewies die Gabe der Zungenrede, der Wunder, der Prophezeiung und der Interpretation die unendliche Macht des Gebers, von dessen Willen das Ausmaß und die Vielfalt des Wirkens gleichermaßen abhingen. Einige hatten eine Macht, andere eine andere; aber alle diese wirkten auf den einen und denselben Geist, der jedem einzelnen teilte, wie er wollte. 1 Kor. xii. 11.

Die wundersamen Gaben der frühen Zeiten waren jedoch vergänglich. Bestimmte Fakten scheinen in diesem Punkt schlüssig zu sein. Keine Gabe wurde höher geschätzt oder als notwendiger für die Verbreitung des Evangeliums angesehen als die Gabe der Zungenrede. Und doch war dies zweifellos von kurzer Dauer. Der einzige Hinweis darauf findet sich in allen antiken Dokumenten im Werk des Irenäus gegen die Ketzer. Er sagt: „Wir hören von vielen in der Kirche, die mit prophetischen Gaben ausgestattet sind und in allen möglichen Sprachen sprechen." Aber obwohl er die Gabe genauso dringend benötigt haben muss wie alle anderen – denn er war dazu berufen, sich für die Verbreitung des Evangeliums unter den heidnischen Kelten einzusetzen –, erklärt er doch ausdrücklich: „Es war nicht der geringste Teil seiner Mühe, dass er dazu gezwungen wurde." um die Sprache des Landes zu lernen, einen unhöflichen und barbarischen Dialekt, bevor er unter ihnen etwas Gutes bewirken konnte." Es ist offensichtlich, dass Augustinus nichts von übernatürlichen Kräften wusste, wie sie einige früher besessen hatten. „In der Urzeit", sagt er, „fiel der Heilige Geist auf die Gläubigen, und sie redeten in Sprachen, die sie nicht gelernt hatten, so wie der Geist ihnen den Ausdruck gab." Es handelte sich um für die damalige Zeit passende Schilder. Es war richtig, dass der Heilige Geist auf diese Weise in allen Sprachen auf der ganzen Welt bezeugt werden sollte. Nachdem dieses Zeugnis gegeben wurde, ist es verstorben." Mit gleicher Deutlichkeit bekräftigt Chrysostomus: „Von wundersamen Kräften ist nicht ein einziger Überrest oder eine einzige Spur übrig geblieben."

Vergebens streiten die Romanisten um die Fortsetzung der Wunder. Niemals konnten sie einen einzigen Fall vorweisen, in dem die Gabe der Zungenrede ausgeübt wurde. Und doch, wenn man von einem Mitglied ihrer Kirche eine solche Begabung hätte erwarten können, wäre es sicherlich Franz Xaver gewesen, der „der Apostel Indiens" genannt wurde. Aber selbst er gibt zu, dass er, da er die Sprache der Menschen, zu denen er ging, nicht kannte, der christlichen Sache keinen Dienst erweisen konnte und kaum mehr als eine stumme Statue unter ihnen war, bis er sich kompetente Kenntnisse über sie aneignen konnte Zungen.

Wunder sind vergangen; aber wir besitzen immer noch das herrliche Evangelium des gesegneten Gottes. Es bedarf jedoch einer Kraft, die über die menschliche hinausgeht, um sie auf das Herz anzuwenden. Die blinden Augen zu öffnen, die tauben Ohren zu öffnen, dem Geist geistiges Urteilsvermögen zu verleihen, Vorurteile abzubauen, den Stolz zu demütigen, „Phantasievorstellungen und alles Hohe, was sich gegen die Erkenntnis Gottes erhebt , niederzuwerfen" ist das Ziel Wirken des Heiligen Geistes. Als Paulus den „guten Samen des Reiches" um sich warf, hätte er in seiner Verzweiflung alles aufgeben können, wenn nicht die Allmacht dazwischengekommen wäre. „Ich habe gepflanzt“, sagte er, „Apollos hat bewässert; aber Gott gab den Zuwachs. So ist also auch nicht der, der etwas pflanzt , noch der, der bewässert ; sondern Gott, der den Zuwachs gibt.“

Es gibt jedoch eine große Vielfalt in den Wirkweisen desselben göttlichen Geistes. Einige werden sofort „aus der Macht Satans zu Gott gebracht“; und immer werden die Zeit und die Umstände ihrer Bekehrung im Gedächtnis bleiben. Andere werden durch einen langsamen und allmählichen Prozess – vielleicht kaum wahrnehmbar und mit wenigen Erinnerungspunkten versehen – aus der Dunkelheit in „ wunderbares Licht“ geführt. Dennoch ist das Ergebnis dasselbe. Alle werden zu Jesus gebracht und glauben an ihn, als wären sie für ihre Sünden gestorben und für ihre Rechtfertigung wieder auferstanden; Alle werden durch die Vereinigung mit ihm und unter dem heiligenden Einfluss des Heiligen Geistes zu neuen Geschöpfen, genießen die Segnungen seiner großen Erlösung, pflegen Gemeinschaft mit ihm, wachsen in ihrer Ähnlichkeit mit ihm und erweisen ihm praktischen Gehorsam und Hingabe. Lasst uns also ständig auf ihn blicken, um die Wahrheit auf unser eigenes Gewissen und unsere Herzen anzuwenden, um uns ganz, mit Körper, Seele und Geist, zu heiligen und um jede Anstrengung, die wir für andere unternehmen, zum Erfolg zu führen.

FUSSNOTEN

eines Fosters zur Eclectic Review, Bd. ich . P. 545.

B Wilkinson's Modern Egypt, Bd. ich . S. 218–223.

C Lord Nugents „Lands Classical and Sacred".

D Natürliche Magie, S. 286.

E Philosophie der Magie.

F North British Review.

G Literaturblatt.

H Athenäum .

I Edinburgh Review.

J Für eine ausführlichere Beschreibung des elektrischen Telegraphen siehe „The Visitor" für Januar, Februar und März 1848; Daraus wurden viele der jetzt gegebenen Tatsachen übernommen.

K D'Israelis „Curiosities", S. 87.

L. Hughes' Reisen, Bd. I. p. 125.

M Foreign Quarterly Review.

N „Das Boot und die Karawane".

9 789358 812428